Wissenschaftliche Taschenbücher WTB

Mathematik · Physik

Dieter J. Schadach

Biomathematik

I

Akademie-Verlag · Berlin
Pergamon Press · Oxford
Vieweg + Sohn Braunschweig

WTB Wissenschaftliche Taschenbücher

ROLF BORSDORF/MANFRED SCHOLZ
Spektroskopische Methoden in der organischen Chemie

WERNER HABERDITZL
Magnetochemie

GERHARD HEBER
Mathematische Hilfsmittel der Physik, Teil I und II

A. A. SOKOLOW
Elementarteilchen

HEINZ AHRENS
Varianzanalyse

HANS-JÜRGEN TREDER
Relativität und Kosmos
Raum und Zeit in Physik, Astronomie und Kosmologie

ALBERT EINSTEIN
Grundzüge der Relativitätstheorie

ALBERT EINSTEIN
Über die spezielle und die allgemeine Relativitätstheorie

GÜNTHER LUDWIG
Wellenmechanik. Einführung und Originaltexte

HARRY PAUL
Lasertheorie, Teil I und II

FRANZ RUDOLF KESSLER
Einführung in die physikalischen Grundlagen der Kernenergiegewinnung

EBERHARD HOFMANN

Eiweiße und Nucleinsäuren als biologische Makromoleküle
Dynamische Biochemie, Teil I

EBERHARD TEUSCHER

Pharmakognosie, Teil I und II

D. TER HAAR

Quantentheorie. Einführung und Originaltexte

J. H. SANDERS

Die Lichtgeschwindigkeit. Einführung und Originaltexte

JEAN KUNTZMANN

Unendliche Reihen

Mathematische Hilfsmittel der Physik und Chemie

Mit 94 Übungen und 29 Aufgaben

JEAN KUNTZMANN

Systeme von Differentialgleichungen

Mathematische Hilfsmittel der Physik und Chemie

Mit 88 Übungen und 40 Aufgaben

JEAN KUNTZMANN

Komplexe Veränderliche

Mathematische Hilfsmittel der Physik und Chemie

Mit 90 Übungen und 37 Aufgaben

FERDINAND CAP

Einführung in die Plasmaphysik

I. Theoretische Grundlagen

— insgesamt 3 Bände —

J. A. ROSANOW

Wahrscheinlichkeitstheorie

HARRY PFEIFER

Theorie linearer Bauelemente

PETER KRUMBIEGEL

Isotopieeffekte

D. M. BRINK

Kernkräfte. Einführung und Originaltexte

DIETER ONKEN

Steroide

Zur Chemie und Anwendung

HEINZ GEILER

Ökologie der Land- und Süßwassertiere

DIETER J. SCHADACH

Biomathematik I

Kombinatorik, Wahrscheinlichkeit und Information

DIETER J. SCHADACH

Biomathematik II

Graphen, Halbgruppen und Automaten

Vorschau auf die nächsten Bände:

ARTHUR P. CRACKNELL

Angewandte Gruppentheorie

Einführung und Originaltexte

EBERHARD HOFMANN

Intermediärstoffwechsel

Dynamische Biochemie. Teil III

DIETER KLAUA

Elementare Axiome der Mengenlehre

Einführung in die allgemeine Mengenlehre

GÜNTHER TEMBROCK

Grundlagen der Tierpsychologie

J. F. VINSON

Optische Kohärenz in der klassischen Theorie und in der Quantentheorie

W. R. HINDMARSH

Atomspektren

GÜNTHER TEMBROCK

Biokommunikation

Informationsübertragung im biologischen Bereich
Teil I und Teil II

WTB

BAND 83

Dieter J. Schadach

Biomathematik I

Kombinatorik, Wahrscheinlichkeit und Information

AKADEMIE-VERLAG · BERLIN

PERGAMON PRESS · OXFORD

VIEWEG + SOHN · BRAUNSCHWEIG

Reihe MATHEMATIK UND PHYSIK

Verfasser:
Dieter J. Schadach, M. Sc.

Institut für Biologie und Anthropologie
Technische Universität Berlin

ISBN 3 528 06083 2

1971

Lizenznummer: 202 · 100/427/71
Herstellung: VEB Druckhaus „Maxim Gorki", 74 Altenburg
Bestellnummer: Akademie-Verlag 761 411 4 (7083) ES 19 B 5
Pergamon Press 08 017590 2
Vieweg + Sohn 6083
Printed in German Democratic Republic

Vorwort

Die vorliegenden beiden Bändchen „Biomathematik" sind aus einer Tätigkeit des Autors am Institut für Biologie und Anthropologie der Technischen Universität Berlin erwachsen. Aufgabe dieser Tätigkeit war es, die Gebiete der Mathematik, die außerhalb der Statistik liegen, aber in letzter Zeit für die Biologie relevant geworden sind, zusammenfassend darzustellen und interessierten Studenten nahezubringen. Die Statistik, das wichtigste mathematische Werkzeug für den Biologen, wird deshalb in diesen beiden Bändchen nicht behandelt; es gibt eine ganze Reihe vorzüglicher Darstellungen statistischer Methoden für Biologen. Der Titel „Biomathematik" ist also mit dieser Einschränkung zu verstehen (man sehe die beigefügte Übersicht).

Der Inhalt der beiden Bändchen ist auf mathematische Strukturen beschränkt. Biologische Fakten werden nicht dargestellt, ihre Kenntnis wird aber zum Teil in den Übungen vorausgesetzt (z. B. Vererbungsgesetze). Zum Manuskript kann im einzelnen noch folgendes gesagt werden:

(1) Der Abschnitt über Mengen ist ein vorbereitender Teil und kann vom Leser mit einigen Kenntnissen in der Mengentheorie überschlagen werden.

(2) Kombinatorik und Wahrscheinlichkeitstheorie dienen hier als Grundlage der Informationstheorie; sie sind ebenso Grundlage der Statistik.

(3) Im Kapitel über Informationstheorie liegt der Schwerpunkt der Darstellung nicht auf der eigentlichen Theorie von SHANNON, sondern auf der für Biologen weitaus wichtigeren Informationstheorie für multivariable

Systeme (im Amerikanischen meist „uncertainty analysis“ genannt). Hierzu scheinen im deutschsprachigen Schrifttum, soweit es dem Autor bekannt ist, noch keine Darstellungen vorzuliegen.

(4) Graphen können in verschiedener Weise definiert werden, z. B. durch mehrdeutige Abbildungen. Der vorliegende Text geht von einem mengentheoretischen Ansatz mit dem üblichen Begriff der eindeutigen Abbildung aus (man sehe z. B. die interessante Arbeit „A Graph Theory Model for Systematic Biology, with an Example for the Oncidiinae (Orchidaceae)“ von WIRTH, ESTABROOK und ROGERS in „Systematic Zoology“ 15 (1966)).

(5) Der Assioziativitätstest von F. W. LIGTH scheint noch ziemlich unbekannt zu sein.

(6) Bei den Automaten wurde auf Konstruktionsverfahren besonderes Gewicht gelegt. Fortgelassen werden mußten die für Biologen interessante Theorie zellularer Automaten (man sehe z. B. die Arbeiten von J. VON NEUMANN und E. F. CODD) und die Theorie selbstreproduzierender Automaten, die einen ganz neuen mengentheoretischen Ansatz notwendig zu machen scheint (z. B. in den Arbeiten von L. LÖFGREN).

Für verständnisvolle Unterstützung sage ich meinen Dank Herrn Professor Dr. phil. habil. J.-G. HELMCKE, Lehrstuhl und Institut für Biologie und Anthropologie der Technischen Universität Berlin.

D. J. SCHADACH

Inhaltsverzeichnis

Übersicht: **Biomathematik**

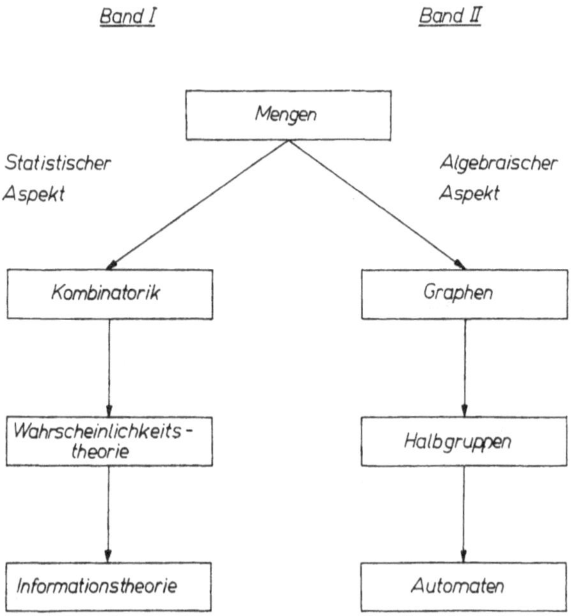

0. Mengen

0.1. *Axiomensystem*

In der Mathematik gehört der Begriff der Menge zu den undefinierten Begriffen, deren Gebrauch durch ein Axiomensystem festgelegt wird. Es gibt etliche verschiedene Axiomensysteme für die Mengentheorie; im folgenden wird ein Axiomensystem geboten, das sich an die Arbeiten von P. BERNAYS, K. GÖDEL und J. VON NEUMANN anschließt. Es sei betont, daß die folgende Darstellung nicht beabsichtigt, ein streng formales und vollständiges System zu bieten; auch die Unabhängigkeit der Axiome bleibt außer Betracht. Es soll nur ein System gegeben werden, das den intuitiv-anschaulichen Mengenbegriff in seinem Gebrauch präzisiert.

Man könnte versuchen, als einen Grundbegriff den Begriff der Eigenschaft zu nehmen derart, daß jede Eigenschaft eine Menge bestimmt, die aus allen Objekten, welche diese Eigenschaft besitzen, besteht. Doch führt dieses Verfahren sofort zu der RUSSELLschen Antinomie der Menge aller Mengen, die sich nicht selbst als Element enthalten:

Eigenschaft p von x: *x ist eine Menge und enthält sich nicht selbst als Element.*

Unter der Annahme, daß p eine Menge $M(p)$ konstituiert, folgt:

[$M(p)$ enthält sich selbst als Element] ist äquivalent zu [$M(p)$ enthält sich nicht selbst als Element].

Einer der Wege, diesen Widerspruch zu vermeiden, ist, jede durch eine Eigenschaft bestimmte Kollektion als Klasse zu bezeichnen und den Mengenbegriff auf den Klassenbegriff mit Hilfe gewisser Beschränkungen aufzubauen.

Zugrundegelegte Begriffe seien also „Klasse", bezeichnet durch M, K, x, y, ..., und eine binäre Relation

„... ist Element von ..." zwischen Klassen, geschrieben „$\in$". Das in den Formulierungen und Deduktionen benutzte logische Fundament ist die Aussagen- und Prädikatenlogik. Wir beginnen mit einer Definition zur Unterscheidung zwischen Klassen und Mengen.

Definition 0.1—1: Eine Klasse M heißt *Menge*, wenn es eine Klasse K gibt derart, daß $M \in K$.

Die folgenden Definitionen bestimmen Inklusion und Gleichheit, also zwei weitere binäre Relationen zwischen Klassen.

Definition 0.1—2: K_1 und K_2 seien Klassen.
$K_1 \subseteq K_2$ genau dann, wenn aus $x \in K_1$ stets $x \in K_2$ für alle $x \in K_1$ folgt.

Definition 0.1—3: K_1 und K_2 seien Klassen.
$K_1 = K_2$ genau dann, wenn $K_1 \subseteq K_2$ und $K_2 \subseteq K_1$.

Durch das folgende Axiom wird eine Klasse K eindeutig bestimmt:

I. Axiom der Individualität:
Wenn $x \in K$ und $x = y$, dann $y \in K$.

Jede durch eine Eigenschaft bestimmte Kollektion soll eine Klasse sein; deshalb das folgende Axiom.

II. Axiom der Klassenbildung: *Zu jeder Eigenschaft p, die nur Mengen x zukommt, gibt es eine Klasse K, die genau die Mengen mit der Eigenschaft p als Elemente enthält;*

$(x \in K)$ *ist äquivalent zu*
(x ist eine Menge und hat die Eigenschaft p).

In der Quantifizierung der Eigenschaft p treten also nur Mengenvariablen und keine Klassenvariablen auf. Wir wollen zur Bezeichnung einer Klasse K ihre Elemente zwischen geschweifte Klammern setzen und einen senkrechten Strich zur Trennung der Elemente von den sie bestimmenden Eigenschaften benutzen, also

$$K = \{x \mid x \text{ ist eine Menge, und } x \text{ hat die Eigenschaft } p\}.$$

Für die RUSSELLsche Antinomie ergibt sich:

Die RUSSELL*sche Klasse aller Mengen, die sich nicht selbst als Element enthalten, ist keine Menge.*

Es werden jetzt spezielle Klassen definiert, die zur Konstruktion von Mengen dienen werden.

Definition 0.1—4: Die Klasse

$$U = \{x \mid x \text{ ist eine Menge und } x = x\}$$

heißt *universelle Klasse*; die Klasse

$$\emptyset = \{x \mid x \text{ ist eine Menge und } x \neq x\}$$

heißt *leere Klasse*.

Folgerung: Es gibt genau eine leere Klasse; denn, wenn $\emptyset_1$ und $\emptyset_2$ leere Klassen wären und $\emptyset_1 \subseteq \emptyset_2$ falsch wäre, müßte es mindestens eine Element x in $\emptyset_1$ geben, das nicht in $\emptyset_2$ enthalten wäre, für das aber $x \neq x$ gelten müßte. Das aber ist nach Definition 0.1—4 unmöglich, also $\emptyset_1 \subseteq \emptyset_2$. Entsprechend gilt $\emptyset_2 \subseteq \emptyset_1$, also $\emptyset_1 = \emptyset_2$ nach Definition 0.1—3; alle leeren Klassen sind gleich.

Definition 0.1—5: Die *Potenzklasse* $P(K)$ einer Klasse K ist

$$P(K) = \{X \mid X \text{ ist eine Menge und } X \subseteq K\}.$$

Die Potenzklasse $P(K)$ hat also als Elemente nur die Teilklassen von K, die Mengen sind.

Das nächste Axiom besagt, daß es mindestens eine Menge gibt.

III. Axiom der leeren Menge: *Die leere Klasse* $\emptyset$ *ist eine Menge.*

Das folgende Axiom ermöglicht die Konstruktion einer Menge aus einer gegebenen Menge.

IV. Axiom der Potenzmenge: *Wenn X eine Menge ist, so ist auch $P(X)$ eine Menge.*

Folgerung: $P(\emptyset) = \{\emptyset\}$ ist eine Menge.

Die nächste Definition gibt Operationen mit Klassen an, die dann axiomatisch zur Konstruktion von Mengen führen werden.

Definition 0.1—6: K_1 und K_2 seien Klassen.

Es sei

$$K_1 \cup K_2 = \{x \mid x \in K_1 \text{ oder } x \in K_2\}$$

und

$$K_1 \cap K_2 = \{x \mid x \in K_1 \text{ und } x \in K_2\}.$$

Nach Axiom II sind $K_1 \cup K_2$ und $K_1 \cap K_2$ wieder Klassen.

Definition 0.1—7: Zwei Klassen K_1 und K_2 heißen *disjunkt*, wenn

$$K_1 \cap K_2 = \emptyset.$$

V. Axiom der Paarung: *Wenn A und B disjunkte Mengen sind, dann ist*

$$\{x \mid x = A \textit{ oder } x = B\}$$

eine Menge.

Diese Menge enthält also genau zwei Elemente, sie werde deshalb durch $\{A, B\}$ bezeichnet.

VI. Axiom der Vereinigung: *Wenn I eine Menge ist und jedem Element $i \in I$ eine Menge A_i zugeordnet wird, dann ist*

$$\bigcup_{i \in I} A_i = \{x \mid \textit{ es gibt ein } i \in I \textit{ derart, daß } x \in A_i\}$$

eine Menge.

VII. Axiom der Siebung: *Wenn M eine Menge ist und K eine Klasse, dann ist $M \cap K$ eine Menge.*

Hieraus ergibt sich folgendes wichtiges Theorem.

Theorem 0.1—1: *Wenn M eine Menge ist und p eine Eigenschaft, die nur Mengen zukommt (in deren Quantifi-*

zierung nur Mengenvariablen auftreten), dann ist

$$\{x \mid x \in M, \text{ und } x \text{ hat die Eigenschaft } p\}$$

eine Menge.

Beweis: Es sei K die durch p bestimmte Klasse (Axiom der Klassenbildung). Dann ist

$$M \cap K = \{x \mid x \in M, \text{ und } x \text{ ist eine Menge und hat die Eigenschaft } p\}$$

eine Menge (Axiom der Siebung). Da $x \in M$ bereits bedeutet, daß x eine Menge ist (Definition 0.1 – 1), folgt, daß

$$M \cap K = \{x \mid x \in M, \text{ und } x \text{ hat die Eigenschaft } p\}$$

eine Menge ist.

Mit Hilfe des Theorems 0.1 – 1 könenn die beiden folgenden Theoreme bewiesen werden.

• Theorem 0.1 – 2: *Wenn A eine Menge ist, so ist auch $\{A\}$ eine Menge.*

Beweis: Wenn $A = \emptyset$, so ist $\{\emptyset\}$ eine Menge nach dem Axiom der Potenzmenge. Wenn $A \neq \emptyset$, so ist $\{A, \emptyset\}$ eine Menge nach dem Axiom der Paarung. Es sei K die durch die Eigenschaft $x = A$ bestimmte Klasse,

$$K = \{x \mid x \text{ ist eine Menge und } x = A\}.$$

Nach Theorem 0.1 – 1 ist

$$\{A, \emptyset\} \cap K = \{x \mid x \in \{A, \emptyset\} \text{ und } x = A\}$$
$$= \{A\}$$

eine Menge.

Theorem 0.1 – 3: *Wenn I eine Menge ist und jedem Element $i \in I$ eine Menge A_i zugeordnet wird, so ist*

$$\bigcap_{i \in I} A_i = \{x \mid x \in A_i \text{ für alle } i \in I\}$$

eine Menge.

Beweis: Nach dem Axiom der Vereinigung ist $\bigcup_{i \in I} A_i$ eine Menge. Dann ist

$$\{x \mid x \in \bigcup_{i \in I} A_i \text{ und } x \in A_i \text{ für alle } i \in I\}$$

nach Theorem 0.1—1 eine Menge; diese Menge ist aber gerade $\bigcap_{i \in I} A_i$.

Definition 0.1—8: Ein *geordnetes Paar von Klassen* x und y ist eine Klasse

$$(x, y) = \{\{x\}, \{x, y\}\}.$$

Folgerung: $(x_1, y_1) = (x_2, y_2)$ genau dann, wenn $x_1 = x_2$ und $y_1 = y_2$.

Definition 0.1—9: Das *cartesische Produkt zweier Klassen* K_1 und K_2 ist die Klasse

$$K_1 \times K_2 = \{(x_1, x_2) \mid x_1 \in K_1, x_2 \in K_2\}.$$

Definition 0.1—10: Eine *Abbildung* μ einer Klasse K_1 in eine Klasse K_2 ist eine Teilklasse $\mu \subseteq K_1 \times K_2$ mit der Eigenschaft, daß es zu jedem $x_1 \in K_1$ genau ein $x_2 \in K_2$ gibt mit $(x_1, x_2) \in \mu$.

Eine Abbildung μ von K_1 in K_2 wird auch geschrieben als

$$\mu: K_1 \to K_2.$$

Wenn $(x_1, x_2) \in \mu$, so heißt

$$x_2 = \mu(x_1)$$

das *Bild* von x_1 bezüglich μ und

$$\{x_2 \mid x_2 \in K_2 \text{ und } x_2 = \mu(x_1) \text{ für irgendein } x_1 \in K_1\} = \mu(K_1)$$

das Bild von K_1 bezüglich μ. Das Bild $\mu(K_1)$ ist also eine Teilklasse von K_2,

$$\mu(K_1) \subseteq K_2.$$

VIII. Axiom der Ersetzung: *Wenn M eine Menge, K eine Klasse und $\mu: M \to K$ eine Abbildung ist, dann ist das Bild $\mu(M)$ eine Menge.*

Theorem 0.1—4: *Das cartesische Produkt zweier Mengen ist eine Menge.*

Beweis: Es seien A und B Mengen. Zu jedem $b \in B$ bilde man die Abbildung

$$\mu_b : A \to A \times B \quad \text{mit} \quad \mu_b(a) = (a, b).$$

Nach dem Axiom der Ersetzung ist das Bild

$$\mu_b(A) = A \times \{b\}$$

eine Menge, und nach dem Axiom der Vereinigung ist

$$\bigcup_{b \in B} (A \times \{b\}) = A \times B$$

eine Menge.

Theorem 0.1—5: *Die Klasse aller Abbildungen von einer Menge A in eine Menge B ist eine Menge.*

Beweis: Nach Theorem 0.1—4 ist $A \times B$ eine Menge, also ist auch $P(A \times B)$ eine Menge nach dem Axiom der Potenzmenge. Eine Abbildung μ von A in B ist eine Teilklasse von $A \times B$,

$$\mu \subseteq A \times B.$$

Nach dem Axiom der Siebung ist

$$(A \times B) \cap \mu = \mu$$

eine Menge und somit ein Element der Potenzmenge $P(A \times B)$ (man beachte, daß nach Definition 0.1—5 nur diejenigen Teilklassen von $A \times B$ Elemente von $P(A \times B)$ sind, die Mengen sind). Jede Abbildung $\mu : A \to B$ hat nach Definition 0.1—10 die Eigenschaft p: Zu jedem $a \in A$ gibt es genau ein $b \in B$ mit $(a, b) \in \mu$. Also ist nach Theorem 0.1—1 die Klasse

$$\{\mu \mid \mu \in P(A \times B), \text{ und } \mu \text{ hat die Eigenschaft } p\}$$

eine Menge.

Theorem 0.1–6: *Die Klasse aller Mengen ist keine Menge.*

Beweis: Es sei K die Klasse aller Mengen. Die RUSSELLsche Klasse

$R = \{x | x$ ist eine Menge, und x ist kein Element von sich selbst$\}$ ist keine Menge, also ist, da $R = K \cap R$, auch $K \cap R$ keine Menge. Nach dem Axiom der Siebung ist somit auch K keine Menge.

Das nächste Axiom besagt, daß jede nichtleere Menge gewisse Elemente enthält, die ihre „Fundierung" bilden.

IX. Axiom der Fundierung: *In jeder nichtleeren Menge M (also $M \neq \emptyset$) gibt es mindestens ein Element $m \in M$ derart, daß für alle $x \in M$ nicht $x \in m$ ist (also $M \cap m = \emptyset$).*

Folgerungen:

(a) Keine nichtleere Menge M kann sich selbst als Element enthalten (also $M \notin M$); denn, wenn $M \in M$ wäre, so würde die Menge $\{M\}$ keine Fundierung haben, da ihr einziges Element M ist.

(b) Für zwei nichtleere Mengen A und B kann nicht zugleich $A \in B$ und $B \in A$ sein, denn sonst würde die nach dem Axiom der Paarung gebildete Menge $\{A, B\}$ keine Fundierung haben.

X. Axiom der Unendlichkeit: *Es gibt eine Menge N mit den Eigenschaften:*

(1) $\emptyset \in N$,

(2) *wenn* $n \in N$, *dann* $n \cup \{n\} \in N$.

Mit diesem Axiom kann man zeigen, daß die Klasse der natürlichen Zahlen eine Menge ist.

XI. Axiom der Auswahl: *Wenn I eine nichtleere Menge ist und jedem $i \in I$ eine nichtleere Menge A_i zugeordnet wird, wobei die Mengen A_i paarweise disjunkt sein sollen, dann gibt es eine Menge A, die genau ein Element aus jeder Menge A_i enthält und keine weiteren Elemente besitzt.*

Das Auswahlaxiom kann auch in anderer Form ausgedrückt werden. Dazu zunächst eine Verallgemeinerung des cartesischen Produktes. Nach Definition 0.1—9 und den Theoremen 0.1—4 und 0.1—5 kann das cartesische Produkt $A_1 \times A_2$ zweier Mengen auch als die Menge aller Abbildungen

$$\mu : \{i_1, i_2\} \to A_1 \cup A_2$$

einer Indexmenge $I = \{i_1, i_2\}$ in $A_1 \cup A_2$ mit

$$\mu(i_1) \in A_1 \quad \text{und} \quad \mu(i_2) \in A_2$$

angesehen werden. Auf dieser Auffassung beruht die folgende Verallgemeinerung.

Definition 0.1—11: Wenn I eine Menge ist und jedem $i \in I$ eine Menge A_i zugeordnet wird, so ist das cartesische Produkt der A_i gleich der Menge derjenigen Abbildungen μ der Indexmenge I in die Vereinigungsmenge der A_i, für die $\mu(i) \in A_i$ für alle $i \in I$ ist:

$$\prod_{i \in I} A_i = \{\mu \mid \mu : I \to \bigcup_{i \in I} A_i \text{ mit } \mu(i) \in A_i \quad \text{für alle } i \in I\}.$$

Theorem 0.1—7: *Folgende drei Festsetzungen sind äquivalent:*
(1) *Das Auswahlaxiom.*
(2) *Wenn I eine nichtleere Menge ist und jedem Element $i \in I$ eine nichtleere Menge A_i zugeordnet wird, dann gibt es eine Abbildung*

$$\mu : I \to \bigcup_{i \in I} A_i$$

mit $\mu(i) \in A_i$ für alle $i \in I$ (μ heißt Auswahlfunktion).
(3) *Wenn I eine nichtleere Menge ist und jedem Element $i \in I$ eine nichtleere Menge A_i zugeordnet wird, dann ist*

$$\prod_{i \in I} A_i \neq \emptyset .$$

Beweis:
(a) Gegeben sei (1). Jedem Element $i \in I$ ordne man die Menge $\{i\} \times A_i$ zu; alle Mengen $\{i\} \times A_i$ sind nichtleer und paarweise disjunkt. Also gibt es nach dem

Auswahlaxiom eine Menge μ, die genau ein Element aus jeder Menge $\{i\} \times A_i$ enthält und keine weiteren Elemente besitzt. Das heißt,

$$\mu \subseteq \bigcup_{i \in I} (\{i\} \times A_i) \subseteq \bigcup_{i \in I} (I \times A_i).$$

Da

$$\bigcup_{i \in I} (I \times A_i) = I \times \bigcup_{i \in I} A_i,$$

ist

$$\mu \subseteq I \times \bigcup_{i \in I} A_i;$$

also ist nach Definition 0.1—10 μ eine Abbildung von I in $\bigcup_{i \in I} A_i$ mit $\mu(i) \in A_i$ für jedes Element $i \in I$.
Resultat: (1) impliziert (2).

(b) Gegeben sei (2). Eine Auswahlfunktion

$$\mu : I \to \bigcup_{i \in I} A_i$$

mit $\mu(i) \in A_i$ für alle $i \in I$ ist nach Definition 0.1—11 ein Element von $\prod_{i \in I} A_i$. Also ist

$$\prod_{i \in I} A_i \neq \emptyset.$$

Resultat: (2) impliziert (3).

(c) Gegeben sei (3) für den Fall, daß die Mengen A_i paarweise disjunkt sind. Auch dann ist also

$$\prod_{i \in I} A_i \neq \emptyset;$$

das heißt, es gibt ein Element μ in $\prod_{i \in I} A_i$ mit

$$\mu : I \to \bigcup_{i \in I} A_i$$

und $\mu(i) \in A_i$ für alle $i \in I$. Die Bildmenge $\mu(I)$ besitzt also genau ein Element aus jeder Menge A_i und sonst keine weiteren Elemente.
Resultat: (3) impliziert (1).

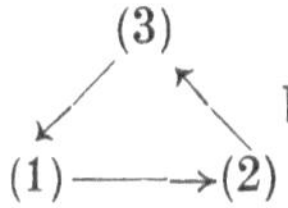

bedeutet (1) $\Leftrightarrow$ (2) $\Leftrightarrow$ (3).

Damit ist das Theorem bewiesen.

0.2. *Elementare Theoreme*

Zunächst folgen Ergänzungen zu den bereits behandelten Operationen mit Mengen. Dabei wird die Relation, daß x kein Element von M ist, durch $x \notin M$ bezeichnet.

Definition 0.2–1: Die *Differenz* zweier Mengen A und B ist die Menge

$$A - B = \{x \mid x \in A \text{ und } x \notin B\}.$$

Folgerung: $A - B = A - (A \cap B)$.

Definition 0.2–2: Wenn $A \subseteq M$, so ist das *Komplement* von A bezüglich M die Menge

$$\bar{A} = M - A.$$

Das Komplement einer Menge A ist also nur definiert, wenn A in einer Menge M enthalten ist.

Folgerungen:

(a) Wenn $A \subseteq M$ und $B \subseteq M$, dann

$$A - B = A \cap \bar{B}.$$

(b) Wenn $A \subseteq M$ und $B \subseteq M$, dann gilt

$$A \subseteq B \text{ genau dann, wenn } \bar{B} \subseteq \bar{A}.$$

(c) Wenn $A \subseteq M$, dann gilt

$$A \cup \bar{A} = M,$$

$$A \cap \bar{A} = \emptyset,$$

$$\bar{\bar{A}} = A,$$

$$\bar{\emptyset} = M,$$

$$\bar{M} = \emptyset.$$

Theorem 0.2–1 (de Morgan): *Wenn* $A \subseteq M$ *und* $B \subseteq M$, *dann ist*

$$\overline{A \cup B} = \bar{A} \cap \bar{B}$$

und

$$\overline{A \cap B} = \bar{A} \cup \bar{B}.$$

Beweis: Es sei

$$x \in \overline{A \cup B}.$$

Das heißt,

$$x \notin A \cup B.$$

Dies aber ist äquivalent zu

$$x \notin A \quad \text{und} \quad x \notin B$$

und bedeutet, daß

$$x \in \bar{A} \quad \text{und} \quad x \in \bar{B},$$

also

$$x \in \bar{A} \cap \bar{B}$$

und somit

$$\overline{A \cup B} = \bar{A} \cap \bar{B}.$$

Der zweite Teil des Theorems kann auf ähnliche Weise bewiesen werden.

Mit Benutzung der Definition 0.1–9 für das cartesische Produkt zweier Mengen A und B,

$$A \times B = \{(x, y) \mid x \in A, y \in B\},$$

ergibt sich das nächste Theorem.

Theorem 0.2–2: *A und B seien Mengen. Dann ist $A \times B = \emptyset$ äquivalent zu ($A = \emptyset$ oder $B = \emptyset$).*

Beweis: Wenn $A \times B \neq \emptyset$, gibt es ein Element $(x, y) \in A \times B$ mit $x \in A$ und $y \in B$, also $A \neq \emptyset$ und $B \neq \emptyset$. Wenn $A \neq \emptyset$ und $B \neq \emptyset$, gibt es Elemente $x \in A$ und $y \in B$, also $A \times B \neq \emptyset$. Das heißt, $A \times B \neq \emptyset$ ist äquivalent zu ($A \neq \emptyset$ und $B \neq \emptyset$), woraus das Theorem folgt.

Folgerungen: Für drei Mengen A, B und C gilt

(a) $$A \times (B \cup C) = (A \times B) \cup (A \times C).$$

(b) $$A \times (B \cap C) = (A \times B) \cap (A \times C).$$

(c) $$A \times (B - C) = (A \times B) - (A \times C).$$

Nach Definition 0.1–10 und Theorem 0.1–5 ist eine Abbildung μ einer Menge A in eine Menge B eine Teilmenge von $A \times B$ mit der Eigenschaft, daß es zu jedem $a \in A$ genau ein $b \in B$ mit $(a, b) \in \mu$ gibt. Wenn $A \times B = \emptyset$, so ist nach Theorem 0.2–2 entweder $A = \emptyset$ oder $B = \emptyset$ oder $A = B = \emptyset$. Wenn $A = \emptyset$, ist $\mu \subseteq \emptyset \times B = \emptyset$, also

$$\mu = \emptyset \quad \text{für} \quad \mu : \emptyset \to B,$$

wobei entweder $B = \emptyset$ oder $B \neq \emptyset$. Hierbei ist das Bild $\mu(\emptyset) = \emptyset$. Wenn $A \neq \emptyset$ und $B = \emptyset$, ist $\mu \subseteq A \times \emptyset = \emptyset$ keine Abbildung, da es zu jedem $a \in A$ kein $b \in B$ gibt.

Wenn I eine Menge ist und jedem Element $i \in I$ eine Menge A_i zugeordnet wird, so ist

$$\bigcup_{i \in I} A_i = \{x \mid \text{es gibt ein } i \in I \text{ derart, daß } x \in A_i\}$$

eine Menge nach dem Axiom der Vereinigung und

$$\bigcap_{i \in I} A_i = \{x \mid x \in A_i \text{ für alle } i \in I\}$$

eine Menge nach Theorem 0.1–3. Da ferner $P(\bigcup_{i \in I} A_i)$

eine Menge ist nach dem Axiom der Potenzmenge, ist auch

$$P(\bigcup_{i \in I} A_i) \cap \{A_i \mid i \in I\} = \{A_i \mid i \in I\}$$

eine Menge nach dem Axiom der Siebung. Es ist

$$\{A_i \mid i \in I\} \subseteq P(\bigcup_{i \in I} A_i)$$

und

$$\{A_i \mid i \in I\} \in P[P(\bigcup_{i \in I} A_i)].$$

Folgerungen: Es seien $\{A_i \mid i \in I\}$ und $\{B_j \mid j \in J\}$ Mengen von Teilmengen einer gegebenen Menge M (also $A_i \subseteq M$ und $B_j \subseteq M$ für alle $i \in I$ und $\in J$). Dann gilt:

(a) $\bigcup_{i \in I} A_i \cap \bigcup_{j \in J} B_j = \bigcup_{(i,j) \in I \times J} (A_i \cap B_j)$,

(b) $\bigcap_{i \in I} A_i \cup \bigcap_{j \in J} B_j = \bigcap_{(i,j) \in I \times J} (A_i \cup B_j)$,

(c) $\bigcup_{i \in I} A_i \times \bigcup_{j \in J} B_j = \bigcup_{(i,j) \in I \times J} (A_i \times B_j)$,

(d) $\bigcap_{i \in I} A_i \times \bigcap_{j \in J} B_j = \bigcap_{(i,j) \in I \times J} (A_i \times B_j)$,

(e) $\overline{\bigcup_{i \in I} A_i} = \bigcap_{i \in I} \bar{A}_i$,

(f) $\overline{\bigcap_{i \in I} A_i} = \bigcup_{i \in I} \bar{A}_i$,

(g) $\bigcup_{i \in I} P(A_i) \subseteq P(\bigcup_{i \in I} A_i)$,

(h) $\bigcap_{i \in I} P(A_i) = P(\bigcap_{i \in I} A_i)$.

Man beachte, daß in (g) kein Gleichheitszeichen steht! Hierfür ein Beispiel.

Beispiel: Es sei $A_1 = \{1\}$ und $A_2 = \{2\}$. Dann ist

$$\begin{aligned} P(A_1) \cup P(A_2) &= \{\emptyset, \{1\}\} \cup \{\emptyset, \{2\}\} \\ &= \{\emptyset, \{1\}, \{2\}\}, \end{aligned}$$

$$P(A_1 \cup A_2) = P\{1, 2\}$$
$$= \{\emptyset, \{1\}, \{2\}, \{1, 2\}\}.$$

Also

$$P(A_1) \cup P(A_2) \subseteq P(A_1 \cup A_2).$$

Bemerkung 1: Die Indexmenge I kann auch leer sein. Wenn $\{A_i \mid i \in I\}$ eine Menge von Teilmengen einer Menge M ist, also $A_i \subseteq M$ für alle $i \in I$, so ist

(a) $\bigcup_{i \in I} A_i = \{x \mid \text{es gibt ein } i \in I \text{ mit } x \in A_i\}$
$= \emptyset$ für $I = \emptyset$;

(b) $\bigcap_{i \in I} A_i = \{x \mid \text{für alle } i \in I \text{ ist } x \in A_i\}$
$= M$ für $I = \emptyset$;

(c) $\prod_{i \in I} A_i = \{\mu \mid \mu : I \to \bigcup_{i \in I} A_i \text{ mit } \mu(i) \in A_i \text{ für alle } i \in I\}$
$= \{\emptyset\}$ für $I = \emptyset$.

Bemerkung 2: Als Indexmenge für eine Menge von Teilmengen einer Menge M kann auch die Menge M selbst dienen. So ist zum Beispiel

$$M = \bigcup_{m \in M} \{m\}$$

0.3. *Äquivalenzrelationen*

Eine binäre Relation ϱ in einer Menge M ist eine Teilmenge von $M \times M$, also $\varrho \subseteq M \times M$. Äquivalenzrelationen sind besondere binäre Relationen, die in der Mathematik sehr häufig verwendet werden.

Definition 0.3—1: Eine binäre Relation ϱ in einer Menge M, also $\varrho \subseteq M \times M$, heißt *Äquivalenzrelation*, wenn

(1) $(x, x) \in \varrho$ für alle $x \in M$ (Reflexivität);

(2) wenn $(x, y) \in \varrho$, dann $(y, x) \in \varrho$ (Symmetrie);

(3) wenn $(x, y) \in \varrho$ und $(y, z) \in \varrho$, dann $(x, z) \in \varrho$ (Transitivität).

Definition 0.3—2: Wenn ϱ eine Äquivalenzrelation in einer Menge M ist, heißt für jedes $m \in M$ die Teilmenge

$$[m]_\varrho = \{x \mid (m, x) \in \varrho\}$$

die *Äquivalenzklasse* von m bezüglich ϱ.

Theorem 0.3—1: *Es sei ϱ eine Äquivalenzrelation in einer Menge M.*

(a) *Wenn $(a, b) \in \varrho$, dann $[a]_\varrho = [b]_\varrho$.*

(b) *Wenn $(a, b) \notin \varrho$, dann $[a]_\varrho \cap [b]_\varrho = \emptyset$.*

(c) $\bigcup\limits_{a \in M} [a]_\varrho = M$.

Beweis:

(a) Es sei $x \in [a]_\varrho$, also $(a, x) \in \varrho$. Da ϱ symmetrisch und transitiv ist, ist auch $(b, a) \in \varrho$ und $(b, x) \in \varrho$, also $x \in [b]_\varrho$. Das bedeutet, $[a]_\varrho \subseteq [b]_\varrho$. Umgekehrt, wenn $x \in [b]_\varrho$, ist $(b, x) \in \varrho$ und wegen $(a, b) \in \varrho$ auch $(a, x) \in \varrho$, also $x \in [a]_\varrho$. Das bedeutet, $[b]_\varrho \subseteq [a]_\varrho$ und damit $[a]_\varrho = [b]_\varrho$.

(b) Wenn $[a]_\varrho \cap [b]_\varrho \neq \emptyset$ wäre, gäbe es ein Element $x \in [a]_\varrho \cap [b]_\varrho$, so daß $(a, x) \in \varrho$ und $(b, x) \in \varrho$, also $(a, b) \in \varrho$ wäre, was im Widerspruch zur Voraussetzung $(a, b) \notin \varrho$ stehen würde.

(c) Da ϱ reflexiv ist, gilt $a \in [a]_\varrho$ und damit $\bigcup\limits_{a \in M} [a]_\varrho = M$.

Die Menge der Äquivalenzklassen in einer Menge M spielt eine wesentliche Rolle und hat deshalb einen besonderen Namen erhalten.

Definition 0.3—3: Wenn ϱ eine Äquivalenzrelation in einer Menge M ist, so heißt die Menge der Äquivalenzklassen in M bezüglich ϱ die *Quotientenmenge von M bezüglich ϱ*, geschrieben M/ϱ.

Jetzt folgen die beiden wichtigsten Theoreme über Äquivalenzrelationen.

Theorem 0.3—2: *Wenn ϱ eine Äquivalenzrelation in einer Menge M ist, so ist die Quotientenmenge M/ϱ eine Partition von M in paarweise disjunkte Teilmengen derart, daß zwei Elemente von M genau dann zur selben Teilmenge gehören, wenn sie äquivalent sind.*

Beweis: Da

$$M/\varrho = \{[a]_\varrho \mid a \in M\}$$

nach Definition 0.3—3, folgt das Theorem 0.3—2 sofort aus dem Theorem 0.3—1.

Theorem 0.3—3: *Wenn es eine Partition einer Menge M in paarweise disjunkte Teilmengen A_i gibt ($i \in I$, I = Indexmenge), so ist*

$$\varrho = \bigcup_{i \in I} (A_i \times A_i)$$

eine Äquivalenzrelation und

$$M/\varrho = \{A_i \mid i \in I\}.$$

Beweis: Ergibt sich aus dem Theorem 0.3—1.

0.4. *Abbildungen*

Nach Definition 0.1—10 und Theorem 0.1—5 ist eine Abbildung

$$\mu: X \to Y$$

einer Menge X in eine Menge Y eine Teilmenge von $X \times Y$, also

$$\mu \subseteq X \times Y$$

mit der Eigenschaft, daß es zu jedem $x \in X$ genau ein $y \in Y$ mit $(x, y) \in \mu$ gibt. Für jede Teilmenge $A \subseteq X$ heißt

$$\mu(A) = \{\mu(x) \mid x \in A\} \subseteq Y$$

das Bild von A in Y bezüglich μ; für jede Teilmenge $B \subseteq Y$ heißt

$$\mu^{-1}(B) = \{x \mid \mu(x) \in B\} \subseteq X$$

das inverse Bild von B in X bezüglich μ. Auf diesen Begriffen beruht die folgende Definition.

Definition 0.4—1: Wenn

$$\mu: X \to Y,$$

so induziert μ eine Abbildung

$$\mu: P(X) \to P(Y)$$

derart, daß A auf $\mu(A)$ abgebildet wird für alle $A \subseteq X$, und eine Abbildung

$$\mu^{-1}: P(Y) \to P(X)$$

derart, daß B auf $\mu^{-1}(B)$ abgebildet wird für alle $B \subseteq Y$.

Folgerungen für $\mu: P(X) \to P(Y)$:

(a) $$\mu(\bigcup_{i \in I} A_i) = \bigcup_{i \in I} \mu(A_i),$$

(b) $$\mu(\bigcap_{i \in I} A_i) \subseteq \bigcap_{i \in I} \mu(A_i).$$

Man beachte, daß in (b) kein Gleichheitszeichen steht! Hierfür ein Beispiel.

Beispiel: $X = \{1, 2, 3\}$, $Y = \{a, b\}$

μ:

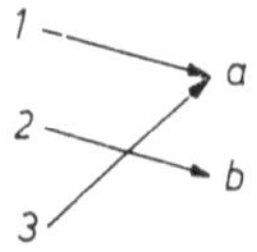

Es sei $A_1 = \{1, 2\}$ und $A_2 = \{2, 3\}$. Dann ist

$$\mu(A_1 \cap A_2) = \mu\{2\} = \{b\}$$

und

$$\mu(A_1) \cap \mu(A_2) = \{a, b\} \cap \{b, a\} = \{a, b\}.$$

Also

$$\mu(A_1 \cap A_2) \subseteq \mu(A_1) \cap \mu(A_2).$$

Folgerungen für $\mu^{-1}: P(Y) \to P(X)$:

(a) $$\mu^{-1}(\bigcup_{j\in J} B_j) = \bigcup_{j\in J} \mu^{-1}(B_j),$$

(b) $$\mu^{-1}(\bigcap_{j\in J} B_j) = \bigcap_{j\in J} \mu^{-1}(B_j),$$

(c) $$\mu^{-1}(B_1 - B_2) = \mu^{-1}(B_1) - \mu^{-1}(B_2).$$

Folgerungen für μ und μ^{-1}:

(a) $$A \subseteq \mu^{-1}[\mu(A)],$$

(b) $$\mu[\mu^{-1}(B)] = B \cap \mu(X),$$

(c) $$\mu[\mu^{-1}(B) \cap A] = B \cap \mu(A).$$

Man beachte, daß in (a) kein Gleichheitszeichen steht! Hierfür ein Beispiel.

Beispiel: $X = \{1, 2\}$, $Y = \{a\}$

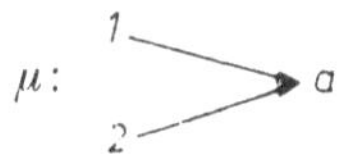

Es sei $A = \{1\}$. Dann ist

$$\mu(A) = \{a\}$$

und

$$\mu^{-1}[\mu(A)] = \{1, 2\}.$$

Also

$$A \subseteq \mu^{-1}[\mu(A)].$$

Die nächste Definition zeigt, wie eine gegebene Abbildung eingeschränkt oder erweitert werden kann.

Definition 0.4—2:
(a) Wenn eine Abbildung $\mu: X \to Y$ und eine Teilmenge $A \subseteq X$ gegeben sind, so heißt die auf A eingeschränkte Abbildung μ die *Restriktion von* μ auf A, geschrieben $\mu | A$; es ist

$$\mu | A = \mu \cap (A \times Y).$$

(b) Wenn eine Teilmenge $A \subseteq X$ und eine Abbildung $\nu: A \to Y$ gegeben sind, so heißt eine auf X erweiterte Abbildung μ, die mit ν auf A übereinstimmt, eine *Extension* von ν auf X; es ist

$$\mu | A = \nu .$$

Theorem 0.4—1: *Es seien X und Y Mengen und $\{A_i | i \in I\}$ eine Menge von Teilmengen von X mit der Eigenschaft, daß*

$$\bigcup_{i \in I} A_i = X .$$

(Man nennt in diesem Falle $\{A_i | i \in I\}$ eine *Bedeckung* von X.) Zu jedem $i \in I$ sei eine Abbildung

$$\nu_i : A_i \to Y$$

gegeben derart, daß

$$\nu_i | A_i \cap A_j = \nu_j | A_i \cap A_j$$

für alle $(i, j) \in I \times I$ ist. Dann gibt es genau eine Abbildung

$$\mu : X \to Y ,$$

die eine Extension für alle Abbildungen ν_i ist, also

$$\mu | A_i = \nu_i$$

für alle $i \in I$.

Beweis: Man nehme die Abbildung

$$\mu: X \to Y \text{ mit } \mu(x) = \nu_i(x) \text{ für } x \in A_i,$$

wobei also solch ein Index i genommen wird, für den $x \in A_i$ ist. Diese Abbildung μ ist eindeutig, denn, wenn $x \in A_i$ und $x \in A_j$, so ist

$$\mu(x) = \nu_i(x) = \nu_j(x)$$

wegen $\nu_i | A_i \cap A_j = \nu_j | A_i \cap A_j$. Und es gibt genau eine solche Abbildung μ, da $\{A_i | i \in I\}$ eine Bedeckung ist, d. h., jedes $x \in X$ gehört zu mindestens einer Teilmenge A_i. Die Abbildung μ ist offensichtlich eine Extension für alle Abbildungen ν_i.

Im folgenden werden einige besondere Abbildungen definiert.

Definition 0.4–3:

(a) Eine Abbildung $\mu: X \to Y$ heißt *surjektiv*, wenn $\mu(X) = Y$.

(b) Eine Abbildung $\mu: X \to Y$ heißt *injektiv*, wenn aus $x_1 \neq x_2$ stets $\mu(x_1) \neq \mu(x_2)$ für alle $x_1, x_2 \in X$ folgt.

(c) Eine Abbildung $\mu: X \to Y$ heißt *bijektiv*, wenn μ sowohl surjektiv als auch injektiv ist.

Definition 0.4–4: Es sei $\mu: X \to Y$ und $\lambda: Y \to Z$. Die Verknüpfung der beiden Abbildungen μ und λ sei die Abbildung

$$\lambda\mu: X \to Z \quad \text{mit} \quad \lambda\mu(x) = \lambda(\mu(x)).$$

Theorem 0.4–2: *Es seien $\mu: X \to Y$ und $\lambda: Y \to X$ zwei Abbildungen mit der Eigenschaft, daß $\lambda\mu$ die identische Abbildung ist (also $\lambda\mu(x) = x$ für alle $x \in X$). Dann ist μ injektiv und λ surjektiv.*

Beweis: Aus $\mu(x_1) = \mu(x_2)$ folgt, daß

$$\lambda\mu(x_1) = \lambda\mu(x_2) = x_1 = x_2,$$

also folgt aus $x_1 \neq x_2$, daß $\mu(x_1) \neq \mu(x_2)$. Das heißt, μ ist injektiv. Da jedes Element x aus X als Bild von mindestens einem Element aus Y bezüglich λ auftritt, weil

$$x = \lambda\mu(x) = \lambda(\mu(x))$$

für alle $x \in X$, ist $\lambda(Y) = X$, also λ surjektiv.

Theorem 0.4–3: *Es sei* $\mu : X \to Y$ *und* $\lambda : Y \to Z$. *Dann ist* (vgl. Definition 0.4–1)

$$(\lambda\mu)^{-1} = \mu^{-1}\lambda^{-1}.$$

Beweis: Es sei $C \subseteq Z$. Aus

$$x \in (\lambda\mu)^{-1}(C)$$

folgt

$$\lambda\mu(x) \in C,$$

daraus

$$\mu(x) \in \lambda^{-1}(C)$$

und damit

$$x \in \mu^{-1}\lambda^{-1}(C).$$

Das bedeutet,

$$(\lambda\mu)^{-1}(C) \subseteq \mu^{-1}\lambda^{-1}(C).$$

Ähnlich beweist man, daß

$$\mu^{-1}\lambda^{-1}(C) \subseteq (\lambda\mu)^{-1}(C)$$

für alle $C \subseteq Z$, woraus

$$(\lambda\mu)^{-1} = \mu^{-1}\lambda^{-1}$$

folgt.

1. Kombinatorik

1.1. *Kombinationen und Permutationen*

Die Kombinatorik ist eine mathematische Disziplin, deren Grundlage die Mengentheorie ist und die sowohl algebraische als auch zahlentheoretische Züge zeigt. Der

Kern der Kombinatorik besteht in Operationen, gewisse Objekte nach bestimmten Regeln auszuwählen, und der Frage nach der Anzahl der Wege, in denen eine bestimmte Operation durchgeführt werden kann.

Die beiden folgenden Regeln, basierend auf der Mengentheorie, werden in der Kombinatorik sehr häufig verwandt.

(1) *Summenregel:* Wenn „X" auf m Weisen ausgewählt werden kann und „Y" auf n Weisen, so kann „entweder X oder Y, aber nicht beide," auf $m + n$ Weisen ausgewählt werden.

(2) *Produktregel:* Wenn „X" auf m Weisen ausgewählt werden kann und „Y" auf n Weisen, so kann „sowohl X als auch Y" auf mn Weisen ausgewählt werden.

Definition 1.1–1:

(a) Eine *Kombination* ist eine ungeordnete Auswahl von Elementen aus einer Menge.

(b) Eine *Permutation* ist eine geordnete Auswahl von Elementen aus einer Menge.

Beispiel: Es sei $M = \{a, b, c\}$. Dann gibt es drei Kombinationen von je zwei Elementen ohne Wiederholung, nämlich

$$ab, ac, bc.$$

Es gibt sechs Kombinationen von zwei Elementen mit Wiederholung, nämlich

$$aa, ab, ac, bb, bc, cc.$$

Es gibt sechs Permutationen von zwei Elementen ohne Wiederholung, nämlich

$$ab, ac, ba, bc, ca, cb,$$

und es gibt neun Permutationen von zwei Elementen mit Wiederholung, nämlich

$$aa, ab, ac, ba, bb, bc, ca, cb, cc.$$

Die Frage, die sich jetzt erhebt, ist, wie viele Kombinationen bzw. Permutationen von k Elementen aus n Elementen, ohne bzw. mit Wiederholung, gibt es. Dies wird in den folgenden Theoremen beantwortet. Um die Beweise zu vereinfachen, beginnen wir mit den Permutationen.

Theorem 1.1–1: *Die Zahl der Permutationen von k Elementen aus n Elementen ohne Wiederholung ist*

$$P(n, k) = n(n-1)(n-2)\cdots(n-k+1).$$

Beweis: Als das erste Element der Permutation kann jedes der n Elemente dienen, als das zweite Element jedes der restlichen $n-1$ Elemente etc. Wenn i Elemente ausgewählt sind, kann jedes der restlichen $n-i$ Elemente das $(i+1)$-te Element sein. Also ist mit der Produktregel

$$P(n, k) = n(n-1)(n-2)\cdots(n-k+1).$$

Folgerungen:

(a) Wenn $n = k$, dann ist $P(n, n) = 1 \cdot 2 \cdot \cdots \cdot n = n!$. Damit wird

$$P(n, k) = \frac{n!}{(n-k)!} = \frac{P(n, n)}{P(n-k, n-k)}.$$

(b) Rekursionsformel:

$$P(n, k) = \frac{n!}{(n-k)!} = \frac{(n-1)!\,(n-k+k)}{(n-k)!}$$

$$= \frac{(n-1)!\,(n-k) + (n-1)!\,k}{(n-k)!}$$

$$= \frac{(n-1)!}{(n-k-1)!} + \frac{(n-1)!\,k}{(n-k)!}$$

$$= P(n-1, k) + k\,P(n-1, k-1).$$

(c) Eine weitere Rekursionsformel:

$$P(n, k) = \frac{n!}{(n-k)!} = n \frac{(n-1)!}{(n-1-k+1)!}$$
$$= n\, P(n-1, k-1).$$

Theorem 1.1–2: *Die Zahl der Permutationen von k Elementen aus n Elementen mit Wiederholung ist*

$$P^*(n, k) = n^k.$$

Beweis: Als das erste Element der Permutation kann jedes der n Elemente dienen, als das zweite Element ebenfalls jedes der n Elemente etc. Somit ist mit der Produktregel

$$P^*(n, k) = \underbrace{n \cdot n \cdot \cdots \cdot n}_{k\text{-mal}} = n^k.$$

Theorem 1.1–3: *Die Zahl der Kombinationen von k Elementen aus n Elementen ohne Wiederholung ist*

$$K(n, k) = \binom{n}{k}.$$

Beweis: Jede Kombination von k Elementen kann auf $k!$ Weisen geordnet werden (Permutationen); die Zahl der Permutationen von k Elementen aus n Elementen ohne Wiederholung ist $P(n, k)$. Also ist

$$K(n, k) \cdot k! = P(n, k)$$

und damit

$$K(n, k) = \frac{P(n, k)}{k!} = \frac{n!}{k!\,(n-k)!} = \binom{n}{k}.$$

Folgerungen:

(a) $K(n, k) = \binom{n}{k} = \binom{n}{n-k} = K(n, n-k).$

(b) $\sum_{k=0}^{n} K(n, k) = 2^n.$

(c) Rekursionsformel:

$$K(n,k) = \binom{n}{k} = \frac{n!}{k!\,(n-k)!} = \frac{(n-1)!\,(n-k+k)}{k!\,(n-k)!}$$

$$= \frac{(n-1)!\,(n-k)}{k!\,(n-k)!} + \frac{(n-1)!\,k}{k!\,(n-k)!}$$

$$= \frac{(n-1)!}{k!\,(n-k-1)!} + \frac{(n-1)!}{(k-1)!\,(n-k)!}$$

$$= \binom{n-1}{k} + \binom{n-1}{k-1}$$

$$= K(n-1,k) + K(n-1,k-1).$$

Theorem 1.1–4: *Die Zahl der Kombinationen von k Elementen aus n Elementen mit Wiederholung ist*

$$K^*(n,k) = \binom{n+k-1}{k}.$$

Beweis: Zu jeder Kombination von k Elementen mit Wiederholung füge man sämtliche n Elemente hinzu und stelle gleiche Elemente jeweils zusammen. Man hat dann insgesamt $n+k$ Elemente, die durch $n-1$ Trennungen n Haufen bilden. Jeder Kombination von k Elementen mit Wiederholung entspricht somit genau eine Zuordnung von $n-1$ Trennungen zwischen n Haufen zu den $n+k-1$ Trennungen zwischen $n+k$ Elementen. Da es $\binom{n+k-1}{n-1}$ solcher Zuordnungen gibt, ist die Zahl der Kombinationen von k Elementen aus n Elementen mit Wiederholung also

$$K^*(n,k) = \binom{n+k-1}{n-1} = \frac{(n+k-1)!}{(n-1)!\,k!}$$

$$= \binom{n+k-1}{k}.$$

Folgerungen:

(a) Schreibt man

$$K(n, k) = \binom{n}{k} = \frac{n!}{k!\,(n-k)!}$$

$$= \frac{n\,(n-1) \cdots (n-k+1)}{1 \cdot 2 \cdot \cdots \cdot k}$$

und

$$K^*(n, k) = \binom{n+k-1}{k} = \frac{(n+k-1)!}{k!\,(n-1)!}$$

$$= \frac{n(n+1) \cdots (n+k-1)}{1 \cdot 2 \cdot \cdots \cdot k},$$

so stehen im Zähler und Nenner für $K(n, k)$ und $K^*(n, k)$ jeweils k Faktoren.

(b) Rekursionsformel:

$$K^*(n, k) = \binom{n+k-1}{k} = \frac{(n+k-1)!}{k!\,(n-1)!}$$

$$= \frac{(n+k-2)!\,(n+k-1)}{k!\,(n-1)!}$$

$$= \frac{(n+k-2)!\,k}{k!\,(n-1)!} + \frac{(n+k-2)!\,(n-1)}{k!\,(n-1)!}$$

$$= \frac{(n+k-2)!}{(k-1)!\,(n-1)!} + \frac{(n+k-2)!}{k!\,(n-2)!}$$

$$= \binom{n+k-2}{k-1} + \binom{n+k-2}{k}$$

$$= K^*(n, k-1) + K^*(n-1, k).$$

Die Zahlen $P(n, k)$:

n \ k	0	1	2	3	4	5	$\sum_{k=0}^{n} P(n, k)$
0	1						1
1	1	1					2
2	1	2	2				5
3	1	3	6	6			16
4	1	4	12	24	24		65
5	1	5	20	60	120	120	326

Die Zahlen $K(n, k)$:

n \ k	0	1	2	3	4	5	$\sum_{k=0}^{n} K(n, k)$
0	1						1
1	1	1					2
2	1	2	1				4
3	1	3	3	1			8
4	1	4	6	4	1		16
5	1	5	10	10	5	1	32

Als Ergänzung werde noch nach der Zahl der Permutationen von n Elementen aus n Elementen ohne Wiederholung gefragt, wenn von den n Elementen n_1 als gleich, n_2 als gleich, ..., n_r als gleich angesehen werden, also

$$n = n_1 + n_2 + \cdots + n_r .$$

Diese Zahl werde durch $P(n \mid n_1, n_2, \ldots, n_r)$ bezeichnet. Da n_i Elemente auf $n_i!$ Weisen permutiert werden können, ist also

$$P(n \mid n_1, n_2, \ldots, n_r)\, n_1!\, n_2! \cdots n_r! = n!$$

Damit ergibt sich

$$P(n \mid n_1, n_2, \ldots, n_r) = \frac{n!}{n_1!\, n_2! \cdots n_r!} .$$

Die Zahlen $\frac{n!}{n_1!\, n_2! \cdots n_r!}$ heißen *Multinomialkoeffizienten.* Zwischen Binomial- und Multinomialkoeffizienten besteht folgende Beziehung:

$$\frac{n!}{n_1!\, n_2! \cdots n_r!} = \frac{n!}{n_1!\,(n-n_1)!} \frac{(n-n_1)!}{n_2!\,(n-n_1-n_2)!} \cdots \frac{(n-n_1-n_2-\cdots-n_{r-2})!}{n_{r-1}!\,(n-n_1-n_2-\cdots-n_{r-1})!}$$

(wegen $n_r = n - n_1 - n_2 - \cdots - n_{r-1}$)

$$= \binom{n}{n_1}\binom{n-n_1}{n_2} \cdots \binom{n-n_1-n_2-\cdots-n_{r-2}}{n_{r-1}}.$$

Also

$$P(n \mid n_1, n_2, \ldots, n_r) = K(n, n_1)\, K(n-n_1, n_2) \cdots K(n-n_1-n_2-\cdots-n_{r-2}, n_{r-1}).$$

Beispiel: Die Elemente seien a, a, a, b, b. Dann ist

$$P(5 \mid 3, 2) = \frac{5!}{3!\,2!} = 10.$$

Die zehn Permutationen sind

$a\,a\,a\,b\,b$ $a\,a\,b\,a\,b$ $a\,b\,a\,a\,b$ $b\,a\,a\,a\,b$ $b\,a\,a\,b\,a$

$b\,a\,b\,a\,a$ $b\,b\,a\,a\,a$ $a\,a\,b\,b\,a$ $a\,b\,a\,b\,a$ $a\,b\,b\,a\,a$.

1.2. *Die Methode der Inklusion und Exklusion*

Hat man n Objekte, von denen $n(E)$ Objekte die Eigenschaft E haben, so haben

$$n(\bar{E}) = n - n(E)$$

Objekte nicht die Eigenschaft E. Haben von den n Objekten $n(E_1)$ Objekte die Eigenschaft E_1, $n(E_2)$ Objekte die Eigenschaft E_2 und $n(E_1, E_2)$ Objekte sowohl die Eigenschaft E_1 als auch die Eigenschaft E_2, so haben

$$n(\bar{E}_1, \bar{E}_2) = n - n(E_1) - n(E_2) + n(E_1, E_2)$$

Objekte weder die Eigenschaft E_1 noch die Eigenschaft E_2 (der Summand $n(E_1, E_2)$ muß addiert werden, da sonst die Objekte mit beiden Eigenschaften zweimal subtrahiert werden). Dieses Prinzip des Sichein- und -ausschließens von Eigenschaften führt zu folgendem Theorem.

Theorem 1.2—1: *Hat man n Objekte und r Eigenschaften $E_1, E_2, \ldots, E_r$ und bezeichnet $n(E_{i_1}, E_{i_2}, \ldots, E_{i_k})$ die Zahl der Objekte mit den Eigenschaften E_{i_1} und E_{i_2} und ... und E_{i_k}, so ist die Zahl der Objekte, die keine der Eigenschaften $E_1, E_2, \ldots, E_r$ haben, gleich*

$$n(\bar{E}_1, \bar{E}_2, \ldots, \bar{E}_r)$$

$$= n + \sum_{k=1}^{r} (-1)^k \sum_{i_1 < i_2 < \cdots < i_k} n(E_{i_1}, E_{i_2}, \ldots, E_{i_k})$$

mit $i_1, i_2, \ldots, i_k = 1, 2, \ldots, r$. Anders geschrieben:

$$\begin{aligned} n(\bar{E}_1, \bar{E}_2, \ldots, \bar{E}_r) = n &- \sum_{i_1} n(E_{i_1}) + \sum_{i_1<i_2} n(E_{i_1}, E_{i_2}) \\ &- \sum_{i_1<i_2<i_3} n(E_{i_1}, E_{i_2}, E_{i_3}) + \cdots \\ &+ (-1)^r \sum_{i_1<i_2<\cdots<i_r} n(E_{i_1}, \ldots, E_{i_r}). \end{aligned}$$

Beweis: Ein Objekt mit keinen von den Eigenschaften $E_1, E_2, \ldots, E_r$ wird einmal in dem Summanden n gezählt. Ein Objekt mit der Eigenschaft E_{i_1} wird einmal in dem Summanden n und einmal in dem Summanden

$$-\sum_{i_1} n(E_{i_1})$$

gezählt, also insgesamt als

$$1 - 1 = 0.$$

Ein Objekt mit k Eigenschaften $E_{i_1}, E_{i_2}, \ldots, E_{i_k}$ wird einmal in dem Summanden n und einmal in dem Summanden

$$(-1)^j \sum_{i_1<i_2<\cdots<i_j} n(E_{i_1}, E_{i_2}, \ldots, E_{i_j})$$

mit $j \leqq k$ für jede Kombination von j Eigenschaften aus k Eigenschaften gezählt, also insgesamt als

$$1 - \binom{k}{1} + \binom{k}{2} - \binom{k}{3} + \cdots + (-1)^k \binom{k}{k}$$
$$= (1-1)^k = 0.$$

Das heißt, nur die Objekte von den gegebenen n Objekten, die keine der Eigenschaften $E_1, E_2, \ldots, E_r$ besitzen, werden genau einmal gezählt.

1.3. *Versetzungen und Rencontres-Zahlen*

Definition 1.3—1: Vorgegeben sei eine Permutation von n Elementen ohne Wiederholung. Eine *totale Versetzung* ist eine Permutation der n Elemente derart, daß kein Element an seiner ursprünglichen Stelle in der vorgegebenen Permutation steht.

Beispiel: Die vorgegebene Permutation der drei Elemente 1, 2, 3 sei 123. Dann ist 312 ein totale Versetzung.

Theorem 1.3—1: *Die Zahl der totalen Versetzungen von n Elementen ist*

$$D(n) = n! \sum_{k=0}^{n} \frac{(-1)^k}{k!}.$$

Beweis: Verwendet wird das Theorem 1.2—1. Die Zahl der Objekte ist $n!$, da es von n Elementen $n!$ Permutationen gibt. Es bezeichne E_i die Eigenschaft, daß das i-te Element nicht versetzt wird. Dann ist die Zahl der totalen Versetzungen gleich der Zahl der Permutationen, die keine der Eigenschaften $E_1, E_2, \ldots, E_n$ haben, also

$$D(n) = n! + \sum_{k=1}^{n} (-1)^k \sum_{i_1<i_2<\cdots<i_k} n(E_{i_1}, E_{i_2}, \ldots, E_{i_k})$$

mit $i_1, i_2, \ldots, i_k = 1, 2, \ldots, n$. Nun ist

$$n(E_{i_1}, E_{i_2}, \ldots, E_{i_k}) = (n-k)!,$$

da, wenn k Elemente nicht versetzt werden, die übrigen $n - k$ Elemente permutiert werden können. Also

$$\begin{aligned} D(n) &= n! + \sum_{k=1}^{n} (-1)^k \binom{n}{k} (n-k)! \\ &= n! + \sum_{k=1}^{n} (-1)^k \frac{n(n-1)\cdots(n-k+1)}{k!} (n-k)! \\ &= n! + \sum_{k=1}^{n} (-1)^k \frac{n!}{k!} \\ &= n! \left(1 + \sum_{k=1}^{n} (-1)^k \frac{1}{k!}\right) \\ &= n! \left(\frac{1}{0!} - \frac{1}{1!} + \frac{1}{2!} - \frac{1}{3!} + \cdots + \frac{(-1)^n}{n!}\right) \\ &= n! \sum_{k=0}^{n} \frac{(-1)^k}{k!}. \end{aligned}$$

Theorem 1.3–2 (Problème des rencontres): *Die Zahl der Permutationen von n Elementen aus n Elementen ohne Wiederholung, bei denen k Elemente nicht versetzt werden, ist*

$$D(n, k) = \frac{n!}{k!} \sum_{i=0}^{n-k} \frac{(-1)^i}{i!}.$$

Beweis: Die k Elemente, die nicht versetzt werden, können auf $\binom{n}{k}$ Weisen aus den n Elementen ausgewählt werden. Die restlichen $n-k$ Elemente werden alle versetzt (totale Versetzung von $n-k$ Elementen). Also ist

$$D(n, k) = \binom{n}{k} D(n-k)$$

$$= \binom{n}{k} (n-k)! \sum_{i=0}^{n-k} \frac{(-1)^i}{i!}$$

$$= \frac{n!}{k!} \sum_{i=0}^{n-k} \frac{(-1)^i}{i!}.$$

Bemerkung: Die Zahlen $D(n, k)$ heißen *Rencontres-Zahlen.* $D(n, 0)$ ist identisch mit $D(n)$.

Beispiel: Permutationen von drei Elementen ohne Wiederholung:

$$D(3, 0) = \frac{3!}{0!}\left(\frac{1}{0!} - \frac{1}{1!} + \frac{1}{2!} - \frac{1}{3!}\right) = 2,$$

$$D(3, 1) = \frac{3!}{1!}\left(\frac{1}{0!} - \frac{1}{1!} + \frac{1}{2!}\right) = 3,$$

$$D(3, 2) = \frac{3!}{2!}\left(\frac{1}{0!} - \frac{1}{1!}\right) = 0,$$

$$D(3, 3) = \frac{3!}{3!} \frac{1}{0!} = 1.$$

$P(3, 3) = 3! = 6$

$D(3, 0)$		$D(3, 1)$			$D(3, 3)$
231	312	132	213	321	123

Folgerungen:

(a) $$D(n, k) = \binom{n}{k} D(n-k, 0).$$

(b) $$\sum_{k=0}^{n} D(n, k) = n!.$$

(c) Rekursionsformel:

$$D(n, 0) = n! \sum_{k=0}^{n} \frac{(-1)^k}{k!} = n! \left(\sum_{k=0}^{n-1} \frac{(-1)^k}{k!} + \frac{(-1)^n}{n!} \right)$$

$$= n! \sum_{k=0}^{n-1} \frac{(-1)^k}{k!} + (-1)^n$$

$$= n(n-1)! \sum_{k=0}^{n-1} \frac{(-1)^k}{k!} + (-1)^n$$

$$= n \cdot D(n-1, 0) + (-1)^n.$$

(d) Approximation: Für große Werte von n ist

$$D(n, k) \approx \frac{n!}{k!\, e},$$

denn

$$e^{-1} = \frac{1}{0!} - \frac{1}{1!} + \frac{1}{2!} - \frac{1}{3!} + \cdots.$$

Die Rencontres-Zahlen $D(n, k)$:

$n \backslash k$	0	1	2	3	4	5	$\sum_{k=0}^{n} D(n, k)$
0	1						1
1	0	1					1
2	1	0	1				2
3	2	3	0	1			6
4	9	8	6	0	1		24
5	44	45	20	10	0	1	120

2. Wahrscheinlichkeitstheorie

2.1. *Sigma-Algebra*

Die Basis für den Aufbau einer Wahrscheinlichkeitstheorie bildet der Begriff des Wahrscheinlichkeitsraumes, der sich aus drei mathematischen Objekten konstituiert: Menge, Sigma-Algebra (auch geschrieben σ-Algebra), Wahrscheinlichkeitsmaß.

Definition 2.1—1: Ein Wahrscheinlichkeitsraum ist ein Tripel

$$W = (S, F_\sigma, p),$$

wobei

(1) S eine beliebige Menge ist, deren Elemente *Elementarereignisse* heißen,

(2) F_σ eine σ-Algebra in S ist, deren Elemente *Ereignisse* heißen (deshalb nennt man F_σ auch Ereignisalgebra),

(3) p ein Wahrscheinlichkeitsmaß auf F_σ ist.

Was eine σ-Algebra ist, wird in der folgenden Definition gesagt; das Wahrscheinlichkeitsmaß wird im nächsten Kapitel erläutert.

Definition 2.1—2: Es sei S eine beliebige Menge und $P(S)$ deren Potenzmenge (d. h. die Menge aller Teilmengen von S). Eine Menge F_σ von Teilmengen von S, also $F_\sigma \subseteq P(S)$, heißt eine *σ-Algebra* (oder ein σ-Körper) in S, wenn

(1) aus $A \in F_\sigma$ für die Komplementmenge $\bar{A}$ von A (also für die Menge $\bar{A} = S - A$) folgt, daß $\bar{A} \in F_\sigma$,

(2) für jede Menge von abzählbar vielen Elementen aus F_σ deren Vereinigungsmenge ebenfalls ein Element aus F_σ ist, also

$$\bigcup_{i \in I} A_i \in F_\sigma$$

für $A_i \in F_\sigma$ und jede abzählbare (d. h. endliche oder abzählbar unendliche) Indexmenge I.

Folgerungen:

(a) $\emptyset \in F_\sigma$, denn $\bigcup_{i \in I} A_i = \emptyset$ für $I = \emptyset$.

(b) $S \in F_\sigma$, denn $\overline{\emptyset} = S$.

(c) Die Durchschnittsmenge jeder abzählbaren Menge $\{A_i \mid i \in I\}$ von Elementen A_i aus F_σ ist ebenfalls ein Element aus F_σ, denn

$$\bigcap_{i \in I} A_i = \overline{\bigcup_{i \in I} \bar{A}_i}.$$

(d) Wenn $A_1, A_2 \in F_\sigma$, dann $A_1 - A_2 \in F_\sigma$, denn $A_1 - A_2 = A_1 \cap \bar{A}_2$.

(e) Die Potenzmenge $P(S)$ ist eine σ-Algebra in S.

Beispiel: Es sei $S = \{a, b, c\}$. Die Menge

$$\{\emptyset, \{a\}, \{b, c\}, S\}$$

ist eine σ-Algebra in S, die Mengen

$$\{\emptyset, \{a\}, S\} \quad \text{und} \quad \{\emptyset, \{a\}, \{b\}, \{c\}, S\}$$

sind keine σ-Algebren.

2.2. *Wahrscheinlichkeitsmaß*

Definition 2.2—1: Es sei F_σ eine σ-Algebra in einer beliebigen Menge S. Eine Abbildung

$$p : F_\sigma \to R$$

von F_σ in den Körper R der reellen Zahlen heißt ein *Wahrscheinlichkeitsmaß* auf F_σ, wenn

(1) $p(A) \geqq 0$ für alle $A \in F_\sigma$ (Nichtnegativität).

(2) $p(S) = 1$ (Normierung),

(3) $p(\bigcup_{i \in I} A_i) = \sum_{i \in I} p(A_i)$ für jede abzählbare (d. h. endliche oder abzählbar unendliche) Menge $\{A_i \mid i \in I\}$ von Elementen aus F_σ, die paarweise disjunkt sind, also $A_i \cap A_j = \emptyset$ für $i \neq j$ und $i, j \in I$ (σ-Additivität).

Folgerungen:

(a) $p(\bar{A}) = 1 - p(A)$, denn $A \cup \bar{A} = S$ und $A \cap \bar{A} = \emptyset$, also $p(A \cup \bar{A}) = p(A) + p(\bar{A}) = 1$.

(b) $p(\emptyset) = 0$, denn $p(\emptyset) = 1 - p(\overline{\emptyset}) = 1 - p(S)$.

(c) $0 \leqq p(A) \leqq 1$ für alle $A \in F_\sigma$, denn $0 \leqq p(A)$ und $0 \leqq p(\bar{A})$ nach (1), also $0 \leqq 1 - p(A)$, das heißt $0 \leqq p(A) \leqq 1$.

(d) $p(A - B) = p(A \cup B) - p(B)$, denn $A \cup B = (A - B) \cup B$, also $p(A \cup B) = p(A - B) + p(B)$ wegen $(A - B) \cap B = \emptyset$.

(e) $p(A - B) = p(A) - p(A \cap B)$, denn $A = (A - B) \cup (A \cap B)$, also $p(A) = p(A - B) + p(A \cap B)$ wegen $(A - B) \cap (A \cap B) = \emptyset$.

(f) Für $B \subseteq A$ ist $p(A - B) = p(A) - p(B)$.

(g) $p(A \cup B) = p(A) + p(B) - p(A \cap B)$, denn $p(A \cup B) = p(A - B) + p(B)$ nach (d) und $p(A - B) = p(A) - p(A \cap B)$ nach (e).

(h) Aus (g) folgt durch vollständige Induktion

$$p(A_1 \cup A_2 \cup \cdots \cup A_n) = \sum_{i=1}^{n} p(A_i) - \sum_{1 \leqq i_1 < i_2 \leqq n} p(A_{i_1} \cap A_{i_2})$$

$$+ \sum_{1 \leqq i_1 < i_2 < i_3 \leqq n} p(A_{i_1} \cap A_{i_2} \cap A_{i_3})$$

$$- \cdots + (-1)^{n+1} p(A_1 \cap A_2 \cap \cdots \cap A_n)$$

mit $1 \leqq i_1 < i_2 < \cdots < i_n \leqq n$.

2.3. *Diskrete und uniforme Wahrscheinlichkeitsräume*

In dem Folgenden werden wir uns auf Wahrscheinlichkeitsräume beschränken, bei denen die zugrundegelegte Menge von Elementarereignissen aus höchstens abzählbar unendlich vielen Elementen besteht. Diese Einschränkung genügt für viele Anwendungen und hat den Vorteil, daß somit eine ausführliche Maß- und Integrationstheorie nicht benötigt wird.

Definition 2.3–1: Ein Wahrscheinlichkeitsraum $W = (S, F_\sigma, p)$ heißt *diskret*, wenn S abzählbar ist (also aus endlich oder abzählbar unendlich vielen Elementen besteht).

Bei sehr vielen aus der Praxis stammenden Aufgaben ist der Wahrscheinlichkeitsraum nicht nur diskret, sondern hat auch noch ein spezielles Wahrscheinlichkeitsmaß:

Definition 2.3–2: Ein Wahrscheinlichkeitsraum $W = (S, F_\sigma, p)$ heißt *uniform* (oder LAPLACEscher Wahrscheinlichkeitsraum), wenn

(1) $S = \{s_1, s_2, \ldots, s_n\}$ eine endliche Menge,

(2) $F_\sigma = P(S)$ (Potenzmenge von S),

(3) $p(\{s_i\}) = \frac{1}{n}$ für alle $s_i \in S$ ist.

Die Berechnung der Wahrscheinlichkeit für ein Ereignis $A \in P(S)$ erfolgt dann auf kombinatorischem Wege nach der altbekannten Formel:

$$p(A) = \frac{\text{Anzahl } m \text{ der unter } A \text{ betrachteten Elementarereignisse}}{\text{Anzahl } n \text{ aller Elementarereignisse}}.$$

Beispiel: Wie groß ist die Wahrscheinlichkeit, daß bei zweimaligem Würfeln mit einem Würfel sich mindestens eine Sechs ergibt? — Der Wahrscheinlichkeitsraum $W = (S, F_\sigma, p)$ ist uniform mit

$$n = P^*(6, 2) = 6^2 = 36$$

(das heißt, S enthält 36 Zahlenpaare nach Theorem 1.1–2),

$$F_\sigma = P(S)$$

und

$$p(\{s_i\}) = \frac{1}{36} \text{ für alle } s_i \in S.$$

$$S = \begin{Bmatrix} 11 & 12 & 13 & 14 & 15 & 16 \\ 21 & 22 & 23 & 24 & 25 & 26 \\ 31 & 32 & 33 & 34 & 35 & 36 \\ 41 & 42 & 43 & 44 & 45 & 46 \\ 51 & 52 & 53 & 54 & 55 & 56 \\ 61 & 62 & 63 & 64 & 65 & 66 \end{Bmatrix}$$

Die Wahrscheinlichkeit, daß bei zweimaligem Würfeln sich keine Sechs ergibt, ist gleich

$$\frac{P^*(5, 2)}{P^*(6, 2)} = \frac{25}{36}.$$

Also ist die Wahrscheinlichkeit, daß man bei zweimaligem Würfeln mindestens eine Sechs erhält, gleich

$$1 - \frac{25}{36} = \frac{11}{36}.$$

Die Wahrscheinlichkeit, daß man zwei Sechsen erhält, ist

$$\frac{1}{P^*(6, 2)} = \frac{1}{36}$$

und die Wahrscheinlichkeit, daß sich genau eine Sechs ergibt, gleich

$$\frac{11}{36} - \frac{1}{36} = \frac{10}{36}.$$

Beispiel: Wie groß ist die Wahrscheinlichkeit, daß bei sechsmaligem Würfeln mit einem Würfel jede der Zahlen von 1 bis 6 genau einmal erscheint? — Der Wahrscheinlichkeitsraum $W = (S, F_\sigma, p)$ ist uniform mit

$$n = P^*(6, 6) = 6^6$$

(das heißt, S enthält 6^6 Sechstupel nach Theorem 1.1—2),

$$F_\sigma = P(S)$$

und

$$p(\{s_i\}) = \frac{1}{6^6} \text{ für alle } s_i \in S.$$

Die Teilmenge A von S, die alle Elemente enthält, bei denen jede der Zahlen von 1 bis 6 genau einmal vorkommt, enthält

$$P(6, 6) = 6! \qquad \text{(Theorem 1.1—1)}$$

Elemente. Also ist die gesuchte Wahrscheinlichkeit

$$p(A) = \frac{6!}{6^6} \approx 0{,}015.$$

Die Wahrscheinlichkeit, daß bei sechsmaligem Würfeln sich mindestens eine Sechs ergibt, ist

$$1 - \frac{P^*(5, 6)}{P^*(6, 6)} = 1 - \frac{5^6}{6^6} \approx 0{,}67.$$

2.4. *Bedingte Wahrscheinlichkeit*

Wenn ein Wahrscheinlichkeitsraum $W = (S, F_\sigma, p)$ gegeben ist und für ein Ereignis $A \in F_\sigma$ gilt, daß $p(A) \neq 0$, dann ist die Abbildung

$$p_A : F_\sigma \to R \text{ mit } p_A(B) = \frac{p(A \cap B)}{p(A)}$$

ein neues Wahrscheinlichkeitsmaß auf F_σ, denn

(1) $p_A(B) \geqq 0$ für alle $B \in F_\sigma$,

(2) $p_A(S) = 1$,

(3) $$p_A(\bigcup_{i\in I} B_i) = \frac{p\left(A \cap \bigcup_{i\in I} B_i\right)}{p(A)} = \frac{p\left(\bigcup_{i\in I} (A \cap B_i)\right)}{p(A)}$$

$$= \frac{\sum_{i\in I} p(A \cap B_i)}{p(A)} = \sum_{i\in I} p_A(B_i)$$

für jede abzählbare Menge $\{B_i \mid i \in I\}$ von paarweise disjunkten Elementen aus F_σ.

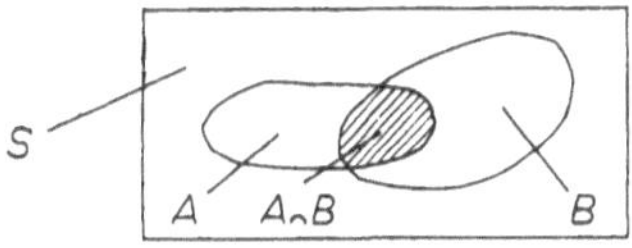

Die Menge $F_{\sigma_A} = \{A \cap B \mid B \in F_\sigma\}$ ist eine σ-Algebra in A, denn

(1) aus $A \cap B \in F_{\sigma_A}$ folgt, daß auch $A - (A \cap B) = A \cap \overline{B} \in F_{\sigma_A}$ wegen $\overline{B} \in F_\sigma$;

(2) für jede abzählbare Menge von Elementen aus F_{σ_A} ist deren Vereinigungsmenge ebenfalls ein Element aus F_{σ_A}:

$$\bigcup_{i\in I} (A \cap B_i) = A \cap \bigcup_{i\in I} B_i \in F_{\sigma_A}$$

wegen $\bigcup_{i\in I} B_i \in F_\sigma$.

Somit ist $W_A = (A, F_{\sigma_A}, p_A)$, wobei

$$p_A : F_{\sigma_A} \to R \text{ mit } p_A(A \cap B) = \frac{p(A \cap B)}{p(A)},$$

ein Wahrscheinlichkeitsraum auf A.

Die Abbildung p_A heißt *bedingte Wahrscheinlichkeit*, im folgenden schreiben wir

$$p(B \mid A) \text{ für } p_A(B).$$

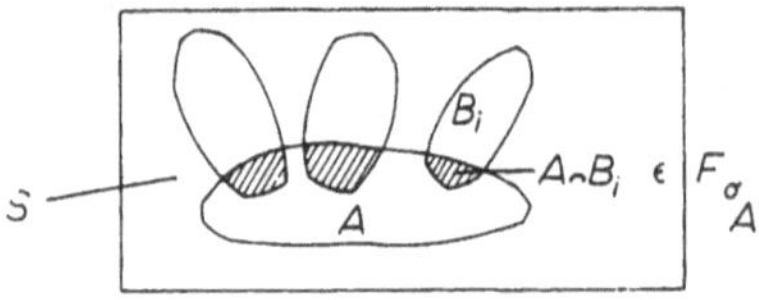

Beispiel: Ein Spieler würfelt mit zwei Würfeln zugleich.

(a) Wie groß ist die Wahrscheinlichkeit, daß er bei einem Wurf zwei Sechsen erhält?

(b) Der Spieler sagt nach einem Wurf, daß er mindestens eine Sechs hat. Wie groß ist jetzt die Wahrscheinlichkeit, daß er zwei Sechsen hat?

Zu (a): Der Wahrscheinlichkeitsraum $W = (S, F_\sigma, p)$ ist uniform mit

$$S = \{(s_1, s_2) \mid s_1, s_2 = 1, 2, \ldots, 6\},$$

also

$$\text{card } S = P^*(6, 2) = 6^2 = 36$$

nach Theorem 1.1–2,

$$F_\sigma = P(S)$$

und

$$p\{(s_1, s_2)\} = \frac{1}{36}$$

für alle Elemente (s_1, s_2) aus S. Für $A = \{(6, 6)$ ist somit

$$p(A) = \frac{1}{36} \approx 0{,}03.$$

Zu (b): Der Wahrscheinlichkeitsraum $W' = (S', F_\sigma', p')$ mit

$$S' = \{(s_1, 6),\ (6, s_2) \mid s_1, s_2 = 1, 2, \ldots, 6\}$$

ist uniform,

$$\operatorname{card} S' = P^*(6, 2) - P^*(5, 2) = 36 - 25 = 11$$

(denn die Zahl aller Elemente aus S, die keine Sechs enthalten, ist gleich $P^*(5, 2)$)
und

$$F_\sigma' = P(S').$$

Somit ist für $A = \{(6, 6)\}$

$$p'(A) = \frac{1}{11} \approx 0{,}09.$$

Da andererseits

$$A \subseteq S' \subseteq S \text{ und } S' \in F_\sigma,$$

ist

$$p'(A) = p(A \mid S') = \frac{p(A \cap S')}{p(S')} = \frac{\frac{1}{36}}{\frac{11}{36}} = \frac{1}{11}.$$

Man sieht bei diesem Beispiel, daß die Wahrscheinlichkeit mit wachsender Information (Der Spieler sagt ...) von 0,03 auf 0,09 wächst. Dieser Zusammenhang von Wahrscheinlichkeit und Information wird später in der Informationstheorie untersucht werden.

Folgerungen:

(a) $p(B \cup C \mid A) = p(B \mid A) + p(C \mid A) - p(B \cap C \mid A)$,

denn

$$p(B \cup C \mid A) = \frac{p[A \cap (B \cup C)]}{p(A)} = \frac{p[(A \cap B) \cup (A \cap C)]}{p(A)}$$

$$= \frac{p(A \cap B) + p(A \cap C) - p(A \cap B \cap C)}{p(A)}$$

$$= p(B|A) + p(C|A) - p(B \cap C|A).$$

(b) $p(A \cap B \cap C) = p(A|B \cap C)\, p(B|C)\; p(C)$,

wenn

$$p(B \cap C) \neq 0 \text{ und } p(C) \neq 0,$$

denn

$$p(A \cap B \cap C) = p(A|B \cap C)\, p(B \cap C)$$

und

$$p(B \cap C) = p(B|C)\, p(C).$$

(c) $p(B|A) + p(\overline{B}|A) = 1$,

denn wegen $(B \cap A) \cap (\overline{B} \cap A) = \emptyset$ ist

$$p(B|A) + p(\overline{B}|A) = \frac{p(B \cap A)}{p(A)} + \frac{p(\overline{B} \cap A)}{p(A)}$$

$$= \frac{p[(B \cap A) \cup (\overline{B} \cap A)]}{p(A)} = \frac{p(A)}{p(A)} = 1.$$

Theorem 2.4–1: *In einem Wahrscheinlichkeitsraum* $W = (S, F_\sigma, p)$ *sei* $\{A_i | A_i \in F_\sigma, i \in I\}$ *eine abzählbare Menge paarweise disjunkter Ereignisse (also* $A_i \cap A_j = \emptyset$ *für* $i \neq j$*), deren Wahrscheinlichkeiten ungleich Null sind (also* $p(A_i) \neq 0$ *für alle* $i \in I$*). Für ein Ereignis* $B \in F_\sigma$ *gelte* $B \subseteq \bigcup_{i \in I} A_i$*. Dann ist*

$$p(B) = \sum_{i \in I} p(B|A_i)\, p(A_i)$$

(Formel von der totalen Wahrscheinlichkeit).

Wenn weiterhin $p(B) \neq 0$*, dann ist*

$$p(A_i|B) = \frac{p(B|A_i)\, p(A_i)}{\sum_{i \in I} p(B|A_i)\, p(A_i)}$$

(Formel von Bayes).

Beweis: Da

$$B = B \cap \bigcup_{i \in I} A_i = \bigcup_{i \in I} (B \cap A_i)$$

und

$$(B \cap A_i) \cap (B \cap A_j) = \emptyset \text{ für } i \neq j,$$

folgt aus der σ-Additivität des Wahrscheinlichkeitsmaßes, daß

$$p(B) = p\left[\bigcup_{i \in I} (B \cap A_i)\right] = \sum_{i \in I} p(B \cap A_i)$$
$$= \sum_{i \in I} p(B|A_i)\, p(A_i).$$

Wenn $p(B) \neq 0$, so ist

$$p(A_i|B) = \frac{p(B \cap A_i)}{p(B)} = \frac{p(B|A_i)\, p(A_i)}{\sum_{i \in I} p(B|A_i)\, p(A_i)}.$$

2.5. *Unabhängige Ereignisse*

In einem Wahrscheinlichkeitsraum $W = (S, F_\sigma, p)$ ist die bedingte Wahrscheinlichkeit $p(B|A)$ die Wahrscheinlichkeit des Ereignisses $B \in F_\sigma$ unter der Bedingung, daß das Ereignis $A \in F_\sigma$ eingetreten ist. Es kann nun vorkommen, daß das Eintreten oder Nichteintreten des Ereignisses A keinen Einfluß auf die Wahrscheinlichkeit des Ereignisses B hat, daß also

$$p(B|A) = p(B)$$

ist. Für $p(A) \neq 0$ ist dann

$$p(A \cap B) = p(B|A)\, p(A) = p(B)\, p(A).$$

Hierauf beruht die folgende Definition, die auch den Fall $p(A) = 0$ einschließt.

Definition 2.5—1: In einem Wahrscheinlichkeitsraum $W = (S, F_\sigma, p)$ heißen zwei Ereignisse $A, B \in F_\sigma$ *unabhängig* (oder stochastisch unabhängig), wenn

$$p(A \cap B) = p(A)\, p(B).$$

Das folgende Beispiel ist sehr lehrreich.

Beispiel: Wenn es in einer Familie Kinder beiderlei Geschlechtes gibt, ist dieser Fall dann unabhängig davon, daß es in der Familie höchstens ein Mädchen gibt? — Wir beantworten die Frage für Familien mit zwei und Familien mit drei Kindern:

(a) Familie mit zwei Kindern: Wir nehmen an, daß der Wahrscheinlichkeitsraum $W = (S, F_\sigma, p)$ uniform ist mit

$$S = \{jj, jm, mj, mm\} \qquad (j = \textit{Junge},\ m = \text{Mädchen}),$$

$F_\sigma = P(S)$ und der Wahrscheinlichkeit $\frac{1}{4}$ für alle vier Elemente aus S. Die beiden gefragten Ereignisse sind

$$A = \{jm, mj\} \text{ mit } p(A) = \frac{1}{2},$$

$$B = \{jj, jm, mj\} \text{ mit } p(B) = \frac{3}{4},$$

also

$$A \cap B = \{jm, mj\} \text{ mit } p(A \cap B) = \frac{1}{2}.$$

Das bedeutet,

$$p(A \cap B) \neq p(A)\, p(B).$$

Also sind die Ereignisse A und B stochastisch abhängig.

(b) Familie mit drei Kindern: Der Wahrscheinlichkeitsraum $W = (S, F_\sigma, p)$ ist uniform mit

$$S = \{jjj, jjm, jmj, jmm, mjj, mjm, mmj, mmm\}.$$

Die beiden gefragten Ereignisse sind

$$A = \{jjm, jmj, jmm, mjj, mjm, mmj\} \text{ mit } p(A) = \frac{6}{8},$$

$$B = \{jjj, jjm, jmj, mjj\} \text{ mit } p(B) = \frac{4}{8},$$

also

$$A \cap B = \{jjm, jmj, mjj\} \text{ mit } p(A \cap B) = \frac{3}{8}.$$

Das bedeutet,

$$p(A \cap B) = p(A)\, p(B).$$

Also sind die Ereignisse A und B stochastisch unabhängig.

Theorem 2.5–1: *Wenn die Ereignisse A und B stochastisch unabhängig sind, so sind auch die Ereignisse A und $\bar{B}$ stochastisch unabhängig ($\bar{B}$ ist das zu B komplementäre Ereignis, $\bar{B} = S - B$). Damit sind dann auch $\bar{A}$ und B und auch $\bar{A}$ und $\bar{B}$ unabhängig.*

Beweis: Da

$$p(A) = p\left[(A \cap B) \cup \left(A \cap \bar{B}\right)\right]$$
$$= p(A \cap B) + p\left(A \cap \bar{B}\right)$$

und

$$p(A \cap B) = p(A)\, p(B),$$

ist

$$p\left(A \cap \bar{B}\right) = p(A) - p(A \cap B)$$
$$= p(A) - p(A)\, p(B)$$
$$= p(A)\,[1 - p(B)]$$
$$= p(A)\, p\left(\bar{B}\right).$$

Definition 2.5–1: In einem Wahrscheinlichkeitsraum $W = (S, F_\sigma, p)$ heißt eine abzählbare Menge $\{A_i \mid i \in I\}$ von Ereignissen A_i aus F_σ *unabhängig* (oder stochastisch unabhängig), wenn für jede nichtleere endliche Teilmenge $\{i_1, i_2, \ldots, i_k\}$ von I gilt, daß

$$p(A_{i_1} \cap A_{i_2} \cap \cdots \cap A_{i_k}) = p(A_{i_1})\, p(A_{i_2}) \cdots p(A_{i_k}).$$

Es ist im allgemeinen nicht der Fall, daß, wenn mehrere Ereignisse paarweise unabhängig sind, diese Ereignisse dann auch insgesamt unabhängig sind. Hierfür ein Beispiel.

Beispiel: Ein Spieler würfelt mit einem roten und einem grünen Würfel zugleich. Der Wahrscheinlichkeitsraum $W = (S, F_\sigma, p)$ sei uniform, die Menge S bestehe aus allen würfelbaren Zahlenpaaren, also

$$S = S_{\text{rot}} \times S_{\text{grün}} \quad \text{mit} \quad S_{\text{rot}} = S_{\text{grün}} = \{1, 2, \ldots, 6\}.$$

Abkürzend werde für das Zahlenpaar $(s_{\text{rot}}, s_{\text{grün}})$ nur $s_{\text{rot}}\, s_{\text{grün}}$ geschrieben. A_1 sei das Ereignis, daß der rote Würfel eine Zwei zeigt, A_2 sei das Ereignis, daß der grüne Würfel eine Sechs zeigt, und A_3 sei das Ereignis, daß die Summe der gewürfelten Zahlen eine gerade Zahl ergibt. Also

$$A_1 = \{21, 22, 23, 24, 25, 26\},$$

$$A_2 = \{16, 26, 36, 46, 56, 66\},$$

$$A_3 = \{11, 13, 15, 22, 24, 26, 31, 33, 35, 42, 44, 46, 51, 53, 55, 62, 64, 66\}.$$

Dann ist

$$A_1 \cap A_2 = \{26\},$$

$$A_1 \cap A_3 = \{22, 24, 26\},$$

$$A_2 \cap A_3 = \{26, 46, 66\}.$$

Somit

$$p(A_1) = \frac{6}{36} = \frac{1}{6},$$

$$p(A_2) = \frac{6}{36} = \frac{1}{6},$$

$$p(A_3) = \frac{18}{36} = \frac{1}{2},$$

$$p(A_1 \cap A_2) = \frac{1}{36} = p(A_1)\, p(A_2),$$

$$p(A_1 \cap A_3) = \frac{3}{36} = \frac{1}{12} = p(A_1)\, p(A_3),$$

$$p(A_2 \cap A_3) = \frac{3}{36} = \frac{1}{12} = p(A_2)\, p(A_3).$$

Die Ereignisse A_1, A_2, A_3 sind also paarweise unabhängig, aber nicht insgesamt unabhängig, denn

$$A_1 \cap A_2 \cap A_3 = \{26\},$$

also

$$p(A_1 \cap A_2 \cap A_3) = \frac{1}{36} \neq p(A_1)\, p(A_2)\, p(A_3).$$

Wie beim Theorem 2.5—1 kann man folgendes beweisen: Wenn eine abzählbare Menge $\{A_i \mid i \in I\}$ von Ereignissen A_i aus F_σ unabhängig ist, so sind auch die Mengen von Ereignissen aus F_σ unabhängig, die dadurch entstehen, daß man beliebig viele der Ereignisse A_i durch ihre Komplemente $\bar{A}_i$ ersetzt. Diese Eigenschaft wäre aber nicht vorhanden, hätte man in der Definition 2.5—2 für die Unabhängigkeit bloß

$$p\Big(\bigcap_{i \in I} A_i\Big) = \prod_{i \in I} p(A_i)$$

gefordert.

Beispiel: Es sei $S = \{s_1, s_2, s_3, s_4, s_5, s_6\}$.

s_i	s_1	s_2	s_3	s_4	s_5	s_6
$p\{s_i\}$	$\frac{1}{16}$	$\frac{1}{16}$	$\frac{1}{16}$	$\frac{2}{16}$	$\frac{5}{16}$	$\frac{6}{16}$

Man betrachte die drei Ereignisse

$$A = \{s_1, s_4, s_5\},$$

$$B = \{s_2, s_4, s_5\},$$

$$C = \{s_4, s_6\}.$$

Es ist

$$p(A) = \frac{8}{16} = \frac{1}{2},$$

$$p(B) = \frac{8}{16} = \frac{1}{2},$$

$$p(C) = \frac{8}{16} = \frac{1}{2}.$$

Somit

$$p(A \cap B \cap C) = p\{s_4\} = \frac{2}{16} = p(A)\, p(B)\, p(C).$$

Aber

$$p(A \cap B) = p\{s_4, s_5\} = \frac{7}{16} \neq p(A)\, p(B)$$

und

$$p\left(A \cap B \cap \overline{C}\right) = p\{s_5\} = \frac{5}{16} \neq p(A)\, p(B)\, p\left(\overline{C}\right).$$

Das folgende Theorem zeigt die Beziehung zwischen disjunkten und abhängigen Ereignissen.

Theorem 2.5–2: *Für zwei Ereignisse A und B sei* $p(A) \neq 0$ *und* $p(B) \neq 0$. *Dann gilt:*

(a) *Wenn die Ereignisse A und B disjunkt sind, dann sind sie abhängig.*

(b) *Wenn die Ereignisse A und B unabhängig sind, dann sind sie nicht disjunkt.*

Beweis von (a): Aus $A \cap B = \emptyset$ folgt $p(A \cap B) = p(\emptyset) = 0$, also $p(A \cap B) \neq p(A)\,p(B)$, da $p(A) \neq 0$ und $p(B) \neq 0$.

Der Beweis von (b) folgt aus (a) durch Kontraposition.

2.6. *Reelle Zufallsvariablen und Verteilungen*

Wir betrachten im folgenden nur diskrete Wahrscheinlichkeitsräume (Definition 2.3—1), bei denen die σ-Algebra F_σ gleich der Potenzmenge $P(S)$ ist. Diese Spezialisierung genügt für die im Rahmen dieses Buches zu behandelnden Anwendungen der Wahrscheinlichkeitstheorie: Würde nämlich $F_\sigma \neq P(S)$ sein, so dürfte mindestens einem Elementarereignis aus S keine Wahrscheinlichkeit zugeordnet werden. Für diskrete Mengen S (im Gegensatz zu nichtdiskreten Mengen) findet dieser Fall aber kaum Anwendung.

Definition 2.6—1: Es sei $W = (S, P(S), p)$ ein diskreter Wahrscheinlichkeitsraum. Eine Abbildung

$$v : S \to R$$

von S in die Menge R der reellen Zahlen heißt eine *reelle Zufallsvariable* in W.

Bemerkung: Die Benennung *Zufallsvariable* ist etwas irreführend, aber üblich; die Benennung *Zufallsfunktion* für die Abbildung v wäre besser. Man unterscheide sorgfältig zwischen

(1) der Abbildung v,

(2) der Bildmenge $v(S)$, also $v(S) \subseteq R$,

(3) den Funktionswerten $v(s)$ für $s \in S$, die oftmals *zufällige Größen* genannt werden; wir werden sie meist durch x bezeichnen, also $x = v(s)$.

In der Statistik werden Zufallsvariablen im allgemeinen durch große lateinische Buchstaben, also $X, Y, Z, \ldots$, bezeichnet.

Beispiel: Ein Spieler würfelt mit zwei Würfeln zugleich. Für den uniformen Wahrscheinlichkeitsraum $W = (S, P(S), p)$ besteht S aus allen würfelbaren Zahlenpaaren, also

$$S = \{(s_1, s_2) \mid s_1, s_2 = 1, 2, \ldots, 6\}.$$

Jedem Wurf werde die Summe der gewürfelten Zahlen zugeordnet, also

$$v : S \to R \quad \text{mit} \quad v(s_1, s_2) = s_1 + s_2.$$

Es ist dann

$$\begin{aligned} v(S) &= \{v(s_1, s_2) \mid s_1, s_2 = 1, 2, \ldots, 6\} \\ &= \{2, 3, 4, \ldots, 12\}. \end{aligned}$$

Es liegt nahe, nach dem Zusammenhang des Wahrscheinlichkeitsmaßes p mit der Zufallsvariablen v zu fragen. Dieser Zusammenhang wird durch den Begriff der Verteilung gegeben.

Da wir uns auf Wahrscheinlichkeitsräume mit $F_\sigma = P(S)$ beschränken, können wir die von der Zufallsvariablen

$$v : S \to R$$

induzierte Abbildung (nach Definition 0.4—1)

$$v^{-1} : P(R) \to P(S)$$

betrachten. Zusammen mit dem Wahrscheinlichkeitsmaß p erhalten wir das Diagramm

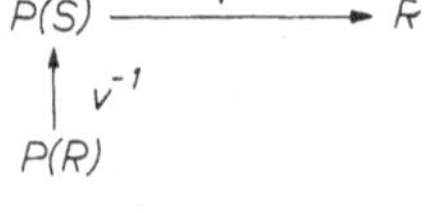

Definition 26—2: Es sei $W = (S, P(S), p)$ ein diskreter Wahrscheinlichkeitsraum und $v : S \to R$ eine

reelle Zufallsvariable in W. Dann heißt die Abbildung

$$f: P(R) \to R \text{ mit } f = pv^{-1}$$

die *Verteilung* (oder Zufallsverteilung, Wahrscheinlichkeitsfunktion, Wahrscheinlichkeitsverteilung) der Zufallsvariablen v.

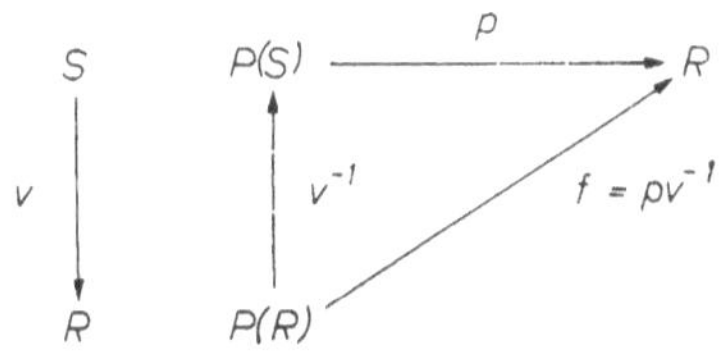

Die Verteilung ist wohldefiniert, denn für $x \in R$ ist das inverse Bild von x bezüglich v die Menge

$$v^{-1}(x) = \{s \in S \mid v(s) = x\},$$

also

$$v^{-1}(x) \subseteq S \text{ und } v^{-1}(x) \in P(S).$$

Somit

$$f(x) = pv^{-1}(x) = p\{s \in S \mid v(s) = x\}.$$

Wenn $v^{-1}(x) = \emptyset$, ist $f(x) = p(\emptyset) = 0$.

Bemerkung: In der Statistik schreibt man meistens

$$f(x) = p(X = x)$$

und meint damit: $f(x)$ ist die Wahrscheinlichkeit dafür, daß die Zufallsvariable X den Wert x annimmt.

Folgerungen:

(a) $f(x) \geqq 0$ für alle $x \in R$.

(b) $\sum_{x \in v(S)} f(x) = 1$, denn $v(S)$ ist abzählbar, da S abzählbar ist, und

$$\sum_{x \in v(S)} f(x) = \sum_{x \in v(S)} pv^{-1}(x) = p\Big(\bigcup_{x \in v(S)} v^{-1}(x)\Big)$$
$$= p(S) = 1.$$

(c) Durch die Verteilung f erhält man auf $v(S)$ mit der σ-Algebra $P\big(v(S)\big)$ den Wahrscheinlichkeitsraum

$$W_v = \big(v(S),\, P\big(v(S)\big),\, f\big),$$

denn die Verteilung f ist ein Wahrscheinlichkeitsmaß auf der Potenzmenge $P\big(v(S)\big)$.

Beispiel: Wir betrachten nochmals das letzte Beispiel, bei dem für den uniformen Wahrscheinlichkeits-

$x = v(s_1, s_2)$	$v^{-1}(x)$	$f(x) = pv^{-1}(x)$
2	{(1,1)}	$\frac{1}{36}$
3	{(1,2), (2,1)}	$\frac{2}{36}$
4	{(1,3), (2,2), (3,1)}	$\frac{3}{36}$
5	{(1,4), (2,3), (3,2), (4,1)}	$\frac{4}{36}$
6	{(1,5), (2,4), (3,3), (4,2), (5,1)}	$\frac{5}{36}$
7	{(1,6), (2,5), (3,4), (4,3), (5,2), (6,1)}	$\frac{6}{36}$
8	{(2,6), (3,5), (4,4), (5,3), (6,2)}	$\frac{5}{36}$
9	{(3,6), (4,5), (5,4), (6,3)}	$\frac{4}{36}$
10	{(4,6), (5,5), (6,4)}	$\frac{3}{36}$
11	{(5,6), (6,5)}	$\frac{2}{36}$
12	{(6,6)}	$\frac{1}{36}$

raum $W = (S, P(S), p)$ die Menge S aus allen würfelbaren Zahlenpaaren besteht, also

$$S = \{(s_1, s_2) \mid s_1, s_2 = 1, 2, \ldots, 6\},$$

und die Zufallsvariable

$$v: S \to R \text{ mit } x = v(s_1, s_2) = s_1 + s_2$$

ist.

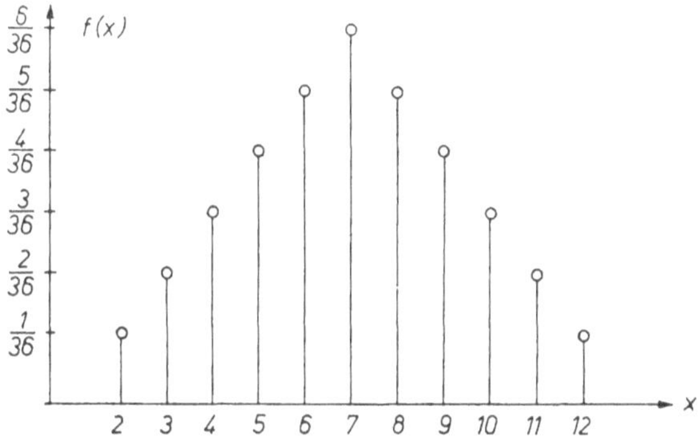

Übungsaufgaben mit Lösungen

(1) Ein Spieler würfelt mit drei Würfeln zugleich.

(a) Wie groß ist die Wahrscheinlichkeit, daß er bei einem Wurf drei Sechsen erhält?

(b) Der Spieler sagt, daß er mindestens eine Sechs hat. Wie groß ist jetzt die Wahrscheinlichkeit, daß er drei Sechsen hat?

(c) Der Spieler sagt, daß er mindestens zwei Sechsen hat. Wie groß ist in diesem Falle die Wahrscheinlichkeit, daß er drei Sechsen hat?

Lösung: Der zugrundegelegte uniforme Wahrscheinlichkeitsraum ist $W = (S, P(S), p)$ mit $|S| = P^*(6, 3)$ $= 6^3 = 216$ und $p\{s_i\} = \dfrac{1}{216} = 0{,}00463$.

(a) Es sei $A = \{(6, 6, 6)\}$. Dann ist $p(A) = \frac{1}{216}$ $= 0{,}00463$.

(b) Es sei $B = \{(6, x_2, x_3), (x_1, 6, x_3), (x_1, x_2, 6)\}$ mit $x_1, x_2, x_3 = 1, 2, \ldots, 6$.

$$|B| = P^*(6, 3) - P^*(5, 3) = 216 - 125 = 91.$$

$$p(A \mid B) = \frac{p(A \cap B)}{p(B)} = \frac{\frac{1}{216}}{\frac{91}{216}} = \frac{1}{91} = 0{,}011.$$

(c) Es sei $C = \{(x_1, 6, 6), (6, x_2, 6), (6, 6, x_3\}$ mit $x_1, x_2, x_3 = 1, 2, \ldots, 6$.

$$|C| = P^*(6,3) - P^*(5,3) - K(3,1)\, P^*(5,2)$$

$$= 216 - 125 - 3 \cdot 25 = 16.$$

$$p(A \mid C) = \frac{p(A \cap C)}{p(C)} = \frac{\frac{1}{216}}{\frac{16}{216}} = \frac{1}{16} = 0{,}0625.$$

(2) Man zeige, daß es wahrscheinlicher ist, mit vier Würfeln wenigstens eine Sechs in einem Wurf zu würfeln als mit zwei Würfeln wenigstens einmal zwei Sechsen zugleich in 24 Würfen zu erhalten. (Hinweis: Mit komplementären Ereignissen rechnen!)

Lösung: Die gefragten Ereignisse seien A und B.

$$p(A) = 1 - \frac{5^4}{6^4} = 1 - \frac{625}{1296} = 0{,}5177.$$

$$p(B) = 1 - \frac{35^{24}}{36^{24}} = 0{,}4914.$$

(3) Gegeben seien zwei Schachteln. Die Schachtel I enthält eine rote und eine weiße Kugel, die Schachtel II drei rote und eine grüne Kugel. Eine Versuchsperson greift aus einer der beiden Schachteln ohne Hinschauen eine Kugel heraus. Die herausgegriffene Kugel ist rot. Wie groß ist die Wahrscheinlichkeit, daß die herausgegriffene Kugel aus der Schachtel I stammt?

Lösung:

I	II
rot weiß	rot rot rot grün

Es bezeichne

$$p(A_i) = p(\text{Schachtel}),$$

$$p(B_j) = p(\text{Farbe}).$$

Mit $p(\text{Schachtel I}) = p(\text{Schachtel II}) = \frac{1}{2}$ ist:

$p(B_j \mid A_i)$	rot	weiß	grün
Schachtel I	$\frac{1}{2}$	$\frac{1}{2}$	0
Schachtel II	$\frac{3}{4}$	0	$\frac{1}{4}$

Gesucht ist die Wahrscheinlichkeit $p(\text{Schachtel I} \mid \text{rote Kugel})$. Nach dem Theorem von BAYES ist

$$p(\text{I} \mid \text{rot}) = \frac{p(\text{I})\, p(\text{rot} \mid \text{I})}{p(\text{I})\, p(\text{rot} \mid \text{I}) + p(\text{II})\, p(\text{rot} \mid \text{II})}$$

$$= \frac{\frac{1}{2} \cdot \frac{1}{2}}{\frac{1}{2} \cdot \frac{1}{2} + \frac{1}{2} \cdot \frac{3}{4}} = \frac{2}{5}.$$

Entsprechend ist $p(\text{II} \mid \text{rot}) = \frac{3}{5}$.

Zum besseren Verständnis kann man noch folgende Wahrscheinlichkeiten berechnen:

$p(A_i \cap B_j)$	rot	weiß	grün		
Schachtel I	$\frac{1}{4}$	$\frac{1}{4}$	0	$\frac{1}{2}$	$p(A_i)$
Schachtel II	$\frac{3}{8}$	0	$\frac{1}{8}$	$\frac{1}{2}$	
	$\frac{5}{8}$	$\frac{2}{8}$	$\frac{1}{8}$		
		$p(B_j)$			

(4) In einer Schulklasse sind 6 Jungen und 4 Mädchen. Aus diesen 10 Kindern werden für eine Stichprobe 5 Kinder willkürlich herausgegriffen.

(a) Wie viele verschiedene, aus 5 Kindern bestehende Stichproben (Teilmengen) können gebildet werden?

(b) Wie viele Stichproben gibt es, die genau 3 Jungen und 2 Mädchen enthalten?

(c) Wie groß ist die Wahrscheinlichkeit, daß eine beliebige, aus 5 Kindern bestehende Stichprobe genau 3 Jungen und 2 Mädchen enthält?

Lösung:

(a) $\binom{10}{5} = \frac{10 \cdot 9 \cdot 8 \cdot 7 \cdot 6}{1 \cdot 2 \cdot 3 \cdot 4 \cdot 5} = 252.$

(b) $\binom{6}{3}\binom{4}{2} = \frac{6 \cdot 5 \cdot 4}{1 \cdot 2 \cdot 3} \cdot \frac{4 \cdot 3}{1 \cdot 2} = 120.$

(c) $p = \frac{120}{252} = 0{,}47.$

(5) Eine bestimmte Droge, als „Wahrheitsserum" bei der Verbrechensaufklärung benutzt, ist zu 90% zuverlässig, wenn der Verdächtige schuldig ist, und zu

99% zuverlässig, wenn der Verdächtige unschuldig ist. Aus einer Personengruppe, von der 5% bisher ein Verbrechen begangen haben, wird ein Verdächtiger untersucht: Die Droge zeigt an, daß der Verdächtige schuldig ist. Wie groß ist die Wahrscheinlichkeit, daß er dennoch unschuldig ist?

Lösung:

Gesamte Personengruppe:

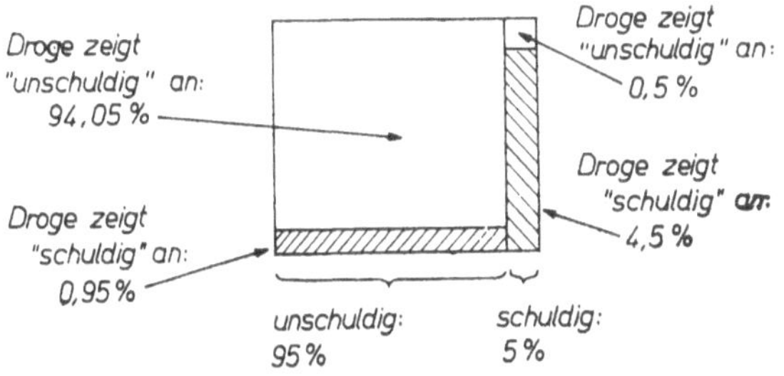

$p\{\text{unschuldig} \mid \text{Droge zeigt „schuldig" an}\}$

$$= \frac{p\{\text{unschuldig und Droge zeigt „schuldig" an}\}}{p\{\text{Droge zeigt „schuldig" an}\}}$$

$$= \frac{0{,}95\%}{0{,}95\% + 4{,}5\%} = \frac{0{,}95}{5{,}45} = 0{,}174 = 17{,}4\%.$$

(6) Ein Spieler würfelt mit sechs Würfeln zugleich. Es soll berechnet werden, ob es wahrscheinlicher ist, daß sich die sechs würfelbaren Zahlen gleichmäßig verteilen oder daß Häufungen gleicher Zahlen auftreten. Man berechne alle möglichen Fälle.

Lösung: Die Zahl der möglichen verschiedenen Würfe mit sechs Würfeln ist $6^6 = 46656$. Betrachtet man alle möglichen Partitionen der Zahl 6 und berechnet die jeweils zugehörigen möglichen verschiedenen Würfe, so ergibt sich:

Partition	Zahl der Würfe
6 0 0 0 0 0	$\frac{6!}{1!\,5!} \cdot \frac{6!}{6!\,0!\,0!\,0!\,0!\,0!} = 6$
5 1 0 0 0 0	$\frac{6!}{1!\,1!\,4!} \cdot \frac{6!}{5!\,1!\,0!\,0!\,0!\,0!} = 180$
4 2 0 0 0 0	$\frac{6!}{1!\,1!\,4!} \cdot \frac{6!}{4!\,2!\,0!\,0!\,0!\,0!} = 450$
4 1 1 0 0 0	$\frac{6!}{1!\,2!\,3!} \cdot \frac{6!}{4!\,1!\,1!\,0!\,0!\,0!} = 1800$
3 3 0 0 0 0	$\frac{6!}{2!\,4!} \cdot \frac{6!}{3!\,3!\,0!\,0!\,0!\,0!} = 300$
3 2 1 0 0 0	$\frac{6!}{1!\,1!\,1!\,3!} \cdot \frac{6!}{3!\,2!\,1!\,0!\,0!\,0!} = 7200$
3 1 1 1 0 0	$\frac{6!}{1!\,3!\,2!} \cdot \frac{6!}{3!\,1!\,1!\,1!\,0!\,0!} = 7200$
2 2 2 0 0 0	$\frac{6!}{3!\,3!} \cdot \frac{6!}{2!\,2!\,2!\,0!\,0!\,0!} = 1800$
2 2 1 1 0 0	$\frac{6!}{2!\,2!\,2!} \cdot \frac{6!}{2!\,2!\,1!\,1!\,0!\,0!} = 16200$
2 1 1 1 1 0	$\frac{6!}{1!\,4!\,1!} \cdot \frac{6!}{2!\,1!\,1!\,1!\,1!\,0!} = 10800$
1 1 1 1 1 1	$\frac{6!}{6!} \cdot \frac{6!}{1!\,1!\,1!\,1!\,1!\,1!} = 720$
	46656

3. Informationstheorie

3.1. *Das Maß für Unbestimmtheit*

Hat man eine Zufallsvariable in einem Wahrscheinlichkeitsraum, so kann man, um ein Maß für die „Unbestimmtheit" (oder „Ungewißheit") der Werte der

Zufallsvariablen zu finden, eine Reihe von Eigenschaften axiomatisch fordern und dann das Maß explizit bestimmen. Welche Eigenschaften man fordert, hängt allein von praktischen Erwägungen ab; das Kriterium ist die zweckmäßige Anwendbarkeit. Axiomatische Untersuchungen des Unbestimmtheitsmaßes finden sich in den Arbeiten von C. E. SHANNON, D. A. FADIEV, A. FEINSTEIN, P. M. LEE u. a.

Für unsere Zwecke ist es einfacher, ein Maß für Unbestimmtheit zu definieren und aus dieser Definition dann Eigenschaften abzuleiten. Die folgende Definition beruht auf der Arbeit von C. E. SHANNON [17]. Es bezeichnet im folgenden ld stets den Logarithmus zur Basis 2 (logarithmus dualis).

Definition 3.1–1: Es sei X eine Zufallsvariable mit endlich vielen Werten $x_1, x_2, \ldots, x_k$, die von X mit den Wahrscheinlichkeiten $p(x_1), p(x_2), \ldots, p(x_k)$ angenommen werden; also

$$\sum_{i=1}^{k} p(x_i) = 1 .$$

Dann heißt

$$H(x_i) = - \operatorname{ld} p(x_i)$$

die *Unbestimmtheit des Variablenwertes* x_i $(i = 1, 2, \ldots, k)$ und der Mittelwert

$$H(X) = \sum_{i=1}^{k} p(x_i)\, H(x_i) = - \sum_{i=1}^{k} p(x_i) \operatorname{ld} p(x_i)$$

die *Unbestimmtheit der Zufallsvariablen* X.

Die Einheit von $H(x_i)$ heißt *bit* (Abkürzung für „binary digit“), und somit ist die Einheit von $H(X)$ gegeben durch $\frac{\text{bit}}{\text{Variablenwert}}$ oder $\frac{\text{bit}}{\text{Symbol}}$. Es sei betont, daß das Maß für die Unbestimmtheit nur von den Wahrscheinlichkeiten $p(x_i)$ der Variablenwerte x_i abhängt und nicht davon, welche Werte die Zufallsvariable X im einzelnen annimmt.

Bemerkung: Oftmals wird die Größe $H(X)$ als *Entropie* oder *Information* bezeichnet. Obwohl manche Analogien zur Thermodynamik bestehen, wollen wir die Bezeichnung „Entropie" vermeiden. Die Bezeichnung „Information" wollen wir als eine Sammelbezeichnung für alle Größen verwenden, die im Zusammenhang mit der Unbestimmtheit H stehen; im multivariablen Systemen ist die Anzahl solcher Größen sehr groß.

3.2 *Häufigkeiten und Partitionen*

Wir betrachten im folgenden uniforme Wahrscheinlichkeitsräume (Definition 2.3—2) mit n Elementarereignissen und zwei Zufallsvariablen. Die Zufallsvariablen seien A und B, die absolute Häufigkeit des Wertepaares (a, b) für $a \in A$ und $b \in B$ sei n_{ab}. Die absolute Häufigkeit ist also eine Abbildung

$$h : A \times B \to \{0, 1, 2, \ldots\}$$

mit $h(a, b) = n_{ab}$ für alle $a \in A$ und $b \in B$. Durch Summation ergibt sich

(a) $\sum_A n_{ab} = n_b$,

(b) $\sum_B n_{ab} = n_a$,

(c) $\sum_{A,B} n_{ab} = n$.

$A \setminus B$	b_1	b_2	$\cdots$	$\sum_B n_{ab}$
a_1	$n_{a_1b_1}$	$n_{a_1b_2}$	$\cdots$	n_{a_1}
a_2	$n_{a_2b_1}$	$n_{a_2b_2}$	$\cdots$	n_{a_2}
.	.	.		.
.	.	.		.
.	.	.		.
$\sum_A n_{ab}$	n_{b_1}	n_{b_2}	$\cdots$	$\sum_{A,B} n_{ab} = n$

Für die Unbestimmtheit von A folgt somit:

$$\begin{aligned} H(A) &= -\sum_A \frac{n_a}{n} \operatorname{ld} \frac{n_a}{n} \\ &= -\frac{1}{n} \sum_A n_a (\operatorname{ld} n_a - \operatorname{ld} n) \\ &= \frac{1}{n} \operatorname{ld} n \sum_A n_a - \frac{1}{n} \sum_A n_a \operatorname{ld} n_a \\ &= \operatorname{ld} n - \frac{1}{n} \sum_A n_a \operatorname{ld} n_a \quad \Big(\text{wegen} \sum_A n_a = n\Big) \\ &= \frac{1}{n} \Big(n \operatorname{ld} n - \sum_A n_a \operatorname{ld} n_a\Big) \end{aligned}$$

Diese letzte Formel erweist sich für die Berechnung von $H(A)$ als besonders günstig: Da $n = \sum_A n_a$, liegt eine Partition von n vor; und für jedes n kann der Wert $n \operatorname{ld} n$ aus Tabellen (z. B. [7]) entnommen werden.

Man kann auch ohne Rückgriff auf die SHANNONsche Formel für die Unbestimmtheit sich direkt zu jeder Partition einer natürlichen Zahl n eine Maßzahl ableiten: Es sei

$$n = n_1 + n_2 + \cdots + n_k .$$

Zu jeder solchen Partition von n suchen wir eine reelle Zahl $f(n_1, n_2, \ldots, n_k)$ mit den beiden Eigenschaften:

(1) *Additivität*: Wenn

$$n_i = n_{i_1} + n_{i_2} + \cdots + n_{i_r}$$

für irgendein $i = 1, 2, \ldots, k$ (das heißt, in der gegebenen Partition wird n_i weiter unterteilt), so soll

$$f(n_1, n_2, \ldots, n_{i_1}, n_{i_2}, \ldots, n_{i_r}, \ldots, n_k)$$
$$= f(n_1, n_2, \ldots, n_k) + f(n_{i_1}, n_{i_2}, \ldots, n_{i_r})$$

sein.

(2) *Multiplizität*: Für $m = 1, 2, \ldots$ soll

$$f(mn_1, mn_2 \ldots, mn_k) = mf(n_1, n_2, \ldots, n_k)$$

sein.

Um nun eine explizite Form für die Funktion f zu finden, kann man so vorgehen: Jede natürliche Zahl n kann als Produkt zweier natürlicher Zahlen u und v geschrieben werden, $n = uv$. Man zerlege n, u und v in die jeweils feinste Partition, also

$$n = \underbrace{1 + 1 + \cdots + 1}_{n-\text{mal}} \text{ etc.}$$

Dann ist

$$f(\underbrace{1, 1, \ldots, 1}_{uv-\text{mal}}) = f(\underbrace{v, v, \ldots, v}_{u-\text{mal}}) + u\, f(\underbrace{1, 1, \ldots, 1}_{v-\text{mal}})$$
$$= v\, f(\underbrace{1, 1, \ldots, 1}_{u-\text{mal}}) + u\, f(\underbrace{1, 1, \ldots, 1}_{v-\text{mal}}).$$

Daraus folgt

$$\frac{1}{uv} f(\underbrace{1, 1, \ldots, 1}_{uv-\text{mal}}) = \frac{1}{u} f(\underbrace{1, 1, \ldots, 1}_{u-\text{mal}}) + \frac{1}{v} f(\underbrace{1, 1, \ldots, 1}_{v-\text{mal}}).$$

Für die Funktion f^* mit

$$f^*(x) = \frac{1}{x} f(\underbrace{1, 1, \ldots, 1}_{x-\text{mal}})$$

muß also gelten:

$$f^*(uv) = f^*(u) + f^*(v).$$

Eine mögliche Form für f^* ist

$$f^*(x) = \operatorname{ld} x.$$

Damit ist

$$f(\underbrace{1, 1, \ldots, 1}_{x-\text{mal}}) = x \operatorname{ld} x.$$

Wird also eine natürliche Zahl n zerlegt in

$$n = n_1 + n_2 + \cdots + n_k,$$

so erhält man für diese Partition wegen der Additivität die Zahl

$$f(n_1, n_2, \ldots, n_k) = n \operatorname{ld} n - n_1 \operatorname{ld} n_1 - \cdots - n_k \operatorname{ld} n_k.$$

Der Mittelwert ist dann

$$\frac{1}{n} f(n_1, n_2, \ldots, n_k) = \frac{1}{n}\left(n \operatorname{ld} n - \sum_{i=1}^{k} n_i \operatorname{ld} n_i\right).$$

Beispiel: Uniformer Wahrscheinlichkeitsraum mit $n = 6$ Elementarereignissen.

Werte der Zufallsvariablen A	a_1	a_2
Absolute Häufigkeiten n_a	4	2

Partition: $n = n_{a_1} + n_{a_2} = 4 + 2$

Unbestimmtheit:

$$\begin{aligned} H(A) &= \frac{1}{n}\left(n \operatorname{ld} n - \sum_A n_a \operatorname{ld} n_a\right) \\ &= \frac{1}{6}(6 \operatorname{ld} 6 - 4 \operatorname{ld} 4 - 2 \operatorname{ld} 2) \\ &= \frac{1}{6}(15{,}51 - 8{,}00 - 2{,}00) \\ &= 0{,}92 \frac{\text{bit}}{\text{Symbol}}. \end{aligned}$$

3.3. *Bivariable Systeme*

Wir betrachten jetzt Systeme mit zwei Zufallsvariablen A und B, welche die Werte $a_1, a_2, \ldots, a_r$ bzw. $b_1, b_2, \ldots, b_s$ mit den Wahrscheinlichkeiten $p(a_i)$ bzw. $p(b_j)$ und die Wertepaare (a_i, b_j) mit den Wahrscheinlichkeiten $p(a_i, b_j)$ für $i = 1, 2, \ldots, r$ und $j = 1, 2, \ldots, s$ annehmen. Es ist also

$$\sum_i p(a_i) = \sum_j p(b_j) = \sum_{i,j} p(a_i, b_j) = 1 .$$

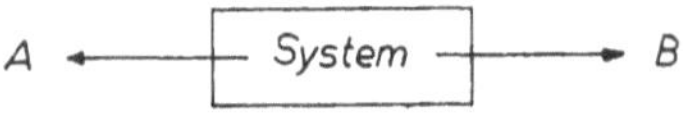

Nach Definition 3.1—1 sind

$$H(A) = -\sum_i p(a_i) \operatorname{ld} p(a_i)$$

und

$$H(B) = -\sum_j p(b_j) \operatorname{ld} p(b_j)$$

die Unbestimmtheiten der Zufallsvariablen A und B. Hierauf aufbauend können weitere Größen definiert werden.

Definition 3.3—1:

(a) Die gemeinsame Unbestimmtheit der Zufallsvariablen A und B ist

$$H(A, B) = -\sum_{i,j} p(a_i, b_j) \operatorname{ld} p(a_i, b_j).$$

(b) Die Unbestimmtheit von A unter der Bedingung b_j ist

$$H(A \mid b_j) = -\sum_i p(a_i \mid b_j) \operatorname{ld} p(a_i \mid b_j).$$

(c) Die Unbestimmtheit von A unter der Bedingung B ist der Mittelwert von $H(A \mid b_j)$, also

$$H(A\,|\,B) = \sum_j p(b_j)\left[-\sum_i p(a_i\,|\,b_j)\,\mathrm{ld}\,p(a_i\,|\,b_j)\right]$$
$$= -\sum_{i,j} p(b_j)\,p(a_i\,|\,b_j)\,\mathrm{ld}\,p(a_i\,|\,b_j)$$
$$= -\sum_{i,j} p(a_i, b_j)\,\mathrm{ld}\,p(a_i\,|\,b_j).$$

Theorem 3.3.—1: *Es gilt*

$$H(A, B) = H(A) + H(B|A)$$
$$= H(B) + H(A\,|\,B).$$

Beweis: Nach Definition 3.3.—1 ist

$$H(A, B) = -\sum_{i,j} p(a_i, b_j)\,\mathrm{ld}\,p(a_i, b_j)$$
$$= -\sum_{i,j} p(a_i, b_j)\,\mathrm{ld}\,[p(a_i)\,p(b_j\,|\,a_i)]$$
$$= -\sum_{i,j} p(a_i, b_j)\,[\mathrm{ld}\,p(a_i) + \mathrm{ld}\,p(b_j\,|\,a_i)]$$
$$= -\sum_i p(a_i)\,\mathrm{ld}\,p(a_i) - \sum_{i,j} p(a_i, b_j)\,\mathrm{ld}\,p(b_j\,|\,a_i)$$
$$= H(A) + H(B|A).$$

Entsprechend wird der zweite Teil des Theorems bewiesen.

Definition 3.3—2: Die beiden Zufallsvariablen A und B heißen (statistisch) *unabhängig*, wenn

$$p(a_i, b_j) = p(a_i)\,p(b_j)$$

für alle Werte a_i von A und b_j von B gilt. Andernfalls heißen A und B (statistisch) *abhängig*.

Theorem 3.3—2:

(a) *Es gilt stets* $H(A, B) \leqq H(A) + H(B)$,

(b) $H(A, B) = H(A) + H(B)$ *gilt dann und nur dann, wenn A und B unabhängig sind,*

(c) *es gilt stets* $H(A\,|\,B) \leqq H(A)$,

(d) $H(A\,|\,B) = H(A)$ *gilt dann und nur dann, wenn A und B unabhängig sind.*

Der Beweis dieses Theorems bietet zwar keine Schwierigkeiten, ist aber recht umfangreich; er findet sich z. B. in [2].

Wenn die Zufallsvariablen A und B abhängig sind, ergibt sich nach Theorem 3.3—2 als Differenz der Unbestimmtheiten der positive Wert $H(A) + H(B) - H(A, B)$. Hierauf beruht die folgende Definition.

Definition 3.3—3: Es heißt

$$T(A:B) = H(A) + H(B) - H(A, B)$$

die *Transmission* der Zufallsvariablen A und B.

Bemerkung: $T(A:B)$ ist die *Information* über A gegeben durch B und heißt oftmals auch Transinformation, Kommunikation oder kurz Information.

Folgerungen:

(a) $T(A:B) = H(A) - H(A \mid B) = H(B) - H(B \mid A)$ nach Theorem 3.3—1. Man ersieht hieraus, daß die Transmission $T(A:B)$ den Betrag angibt, um den die Unbestimmtheit von A (bzw. von B) sinkt, wenn B (bzw. A) bekannt ist.

(b) $T(A:B) = T(B:A)$.

(c) $T(A:B) = H(A) + (HB) - H(A, B)$

$$= -\sum_i p(a_i) \operatorname{ld} p(a_i) - \sum_j p(b_j) \operatorname{ld} p(b_j) + \sum_{i,j} p(a_i, b_j) \operatorname{ld} p(a_i, b_j)$$

$$= -\sum_{i,j} p(a_i, b_j) [\operatorname{ld} p(a_i) + \operatorname{ld} p(b_j) - \operatorname{ld} p(a_i, b_j)]$$

$$= -\sum_{i,j} p(a_i, b_j) \operatorname{ld} \frac{p(a_i)\, p(b_j)}{p(a_i, b_j)}.$$

(d) $T(A:B) \geqq 0$. Das Gleichheitszeichen gilt (nach Theorem 3.3—2) dann und nur dann, wenn A und B unabhängig sind.

Beispiel: Zwei Zufallsvariablen A und B ergaben folgende absolute Häufigkeiten n_{ab} der Wertepaare (a, b):

A \ B	b_1	b_2
a_1	2	0
a_2	0	2

Mit $n_a = \sum_B n_{ab}$, $n_b = \sum_A n_{ab}$ und $n = \sum_{A,B} n_{ab}$ ergibt sich:

$$H(A) = \frac{1}{n}\left(n \operatorname{ld} n - \sum_A n_a \operatorname{ld} n_a\right)$$

$$= \frac{1}{4}(4 \operatorname{ld} 4 - 2 \operatorname{ld} 2 - 2 \operatorname{ld} 2) = 1 \frac{\text{bit}}{\text{Symbol}},$$

$$H(B) = \frac{1}{n}\left(n \operatorname{ld} n - \sum_B n_b \operatorname{ld} n_b\right)$$

$$= \frac{1}{4}(4 \operatorname{ld} 4 - 2 \operatorname{ld} 2 - 2 \operatorname{ld} 2) = 1 \frac{\text{bit}}{\text{Symbol}},$$

$$H(A, B) = \frac{1}{n}\left(n \operatorname{ld} n - \sum_{A,B} n_{ab} \operatorname{ld} n_{ab}\right)$$

$$= \frac{1}{4}(4 \operatorname{ld} 4 - 2 \operatorname{ld} 2 - 0 \operatorname{ld} 0 - 0 \operatorname{ld} 0 - 2 \operatorname{ld} 2)$$

$$= 1 \frac{\text{bit}}{\text{Symbol}}, \text{ (Man beachte, daß } 0 \operatorname{ld} 0 = 0.)$$

$$H(A|B) = H(A, B) - H(B) = 0 \frac{\text{bit}}{\text{Symbol}},$$

$$H(B|A) = H(A, B) - H(A) = 0 \frac{\text{bit}}{\text{Symbol}},$$

$$T(A:B) = H(A) + H(B) - H(A, B) = 1 \frac{\text{bit}}{\text{Symbol}}.$$

3.4. *Multivariable Systeme*

Wir betrachten jetzt Systeme mit einer endlichen Zahl von Zufallsvariablen, von denen jede eine endliche Zahl von Werten annehmen kann, und fragen nach den informationstheoretischen Beziehungen zwischen den einzelnen Variablen, zwischen Paaren, Tripeln etc. von Variablen, zwischen Teilmengen von Variablen, wenn bestimmte Variablen konstant gehalten werden, und dergleichen. Die Art solcher Beziehungen ist in multivariablen Systemen sehr vielfältig, die Zahl der Beziehungen steigt mit der Zahl der Variablen sehr stark an.

Bemerkung: Um in der Schreibweise Mehrdeutigkeiten und Unübersichtlichkeiten zu vermeiden, ist es zweckmäßig, bei multivariablen Systemen die Notation leicht zu ändern: In diesem Kapitel werden bedingende Zufallsvariablen stets als Indizes geschrieben, zum Beispiel

$$H_B(A) \text{ an Stelle von } H(A \mid B).$$

Das durch Definition 3.1—1 gegebene Maß für die Unbestimmtheit kann leicht auf mehrere Zufallsvariablen ausgedehnt werden.

Definition 3.4—1: Es sei Δ eine endliche Menge von Zufallsvariablen $A_1, A_2, \ldots, A_n$, jede Zufallsvariable kann endlich viele Werte annehmen. Dann ist die Unbestimmtheit von Δ gleich

$$\begin{aligned} H(\Delta) &= H(A_1, A_2, \ldots, A_n) \\ &= -\sum_{\Delta} p(a_1, a_2, \ldots, a_n) \operatorname{ld} p(a_1, a_2, \ldots, a_n) \end{aligned}$$

mit $a_i \in A_i$ für $i = 1, 2, \ldots, n$.

Folgerungen:

(a) $$\begin{aligned} &H(A_1, \ldots, A_m, A_{m+1}, \ldots, A_n) \\ &= H(A_1, \ldots, A_m) + H_{A_1, \ldots, A_m}(A_{m+1}, \ldots, A_n) \\ &= H(A_{m+1}, \ldots, A_n) + H_{A_{m+1}, \ldots, A_n}(A_1, \ldots, A_m) \end{aligned}$$

Dies ist eine Verallgemeinerung des Theorems 3.3—1.

(b) Schreibt man für die Differenzmenge $\Delta - \{A_i\}$ kürzer $\Delta - A_i$, so ist:

$$H(\Delta) = H(\Delta - A_i) + H_{\Delta - A_i}(A_i)$$
$$= H(A_i) + H_{A_i}(\Delta - A_i).$$

Die Größe $H_{\Delta - A_i}(A_i)$ gibt die Unbestimmtheit von A_i an, wenn alle restlichen Zufallsvariablen einen konstanten Wert annehmen, bekannt sind oder die Unbestimmtheit Null haben. Sie mißt also die vom System unberührte, „innere" Unbestimmtheit von A_i, die sich in der Praxis als „Störfaktor" oder „Rauschen" äußern kann.

Die Verallgemeinerung der Definition 3.3—3 ergibt die

Definition 3.4—2:

$$T(A_1, \ldots, A_m : A_{m+1}, \ldots, A_n) = H(A_1, \ldots, A_m)$$
$$+ H(A_{m+1}, \ldots, A_n) - H(A_1, \ldots, A_m, A_{m+1}, \ldots, A_n).$$

Folgerung: $T(A_1, \ldots, A_m : A_{m+1}, \ldots, A_n)$

$$= H(A_1, \ldots, A_m) - H_{A_{m+1}, \ldots, A_n}(A_1, \ldots, A_m)$$
$$= H(A_{m+1}, \ldots, A_n) - H_{A_1, \ldots, A_m}(A_{m+1}, \ldots, A_n)$$
$$= T(A_{m+1}, \ldots, A_n : A_1, \ldots, A_m).$$

Beispiel: Drei Zufallsvariablen A, B und C mit je zwei Werten haben gleichmäßig verteilte absolute Häufigkeiten der Wertetripel ergeben:

Für c_1:

	b_1	b_2
a_1	3	3
a_2	3	3

Für c_2:

	b_1	b_2
a_1	3	3
a_2	3	3

Es ist

$$H(A) = \frac{1}{n}\left(n \operatorname{ld} n - \sum_{A} n_a \operatorname{ld} n_a\right)$$

$$= \frac{1}{24}(24 \operatorname{ld} 24 - 12 \operatorname{ld} 12 - 12 \operatorname{ld} 12) = 1 \frac{\text{bit}}{\text{Symbol}}.$$

Entsprechend ist $H(B) = H(C) = 1 \dfrac{\text{bit}}{\text{Symbol}}$,

$$H(A, B) = \frac{1}{n}\left(n \operatorname{ld} n - \sum_{A,B} n_{ab} \operatorname{ld} n_{ab}\right)$$

$$= \frac{1}{24}(24 \operatorname{ld} 24 - 4 \cdot 6 \operatorname{ld} 6) = 2 \frac{\text{bit}}{\text{Symbol}}.$$

Entsprechend ist $H(A, C) = H(B, C) = 2 \dfrac{\text{bit}}{\text{Symbol}}$,

$$H(A, B, C) = \frac{1}{n}\left(n \operatorname{ld} n - \sum_{A,B,C} n_{abc} \operatorname{ld} n_{abc}\right)$$

$$= \frac{1}{24}(24 \operatorname{ld} 24 - 8 \cdot 3 \operatorname{ld} 3) = 3 \frac{\text{bit}}{\text{Symbol}}.$$

Somit ergibt sich für die Transmissionen:

$$T(A:B) = H(A) + H(B) - H(A, B) = 0 \frac{\text{bit}}{\text{Symbol}},$$

$$T(A:C) = T(B:C) = 0 \frac{\text{bit}}{\text{Symbol}}.$$

Die Transmission zwischen einem Paar von Zufallsvariablen und der übrigen Zufallsvariablen ist:

$$T(A, B:C) = H(A, B) + H(C) - H(A, B, C) = 0 \frac{\text{bit}}{\text{Symbol}}.$$

Entsprechend ist

$$T(A, C:B) = T(B, C:A) = 0 \frac{\text{bit}}{\text{Symbol}}.$$

Bemerkung: Im letzten Beispiel haben wir 7 Unbestimmtheiten und 6 Transmissionen berechnet. Man sieht, daß die Zahl der informationellen Größen mit der Zahl der Zufallsvariablen sehr stark anwächst. Schon bei Systemen mit drei Zufallsvariablen treten Informationsgrößen auf, die bei Systemen mit nur zwei Zufallsvariablen nicht auftreten können. Diese zusätzlichen Größen werden im folgenden definiert.

Definition 3.4–3: Es sei Δ eine endliche Menge von Zufallsvariablen, von denen jede endlich viele Werte annehmen kann. Δ werde zerlegt in drei disjunkte nichtleere Teilmengen Δ_1, Δ_2 und Δ_3. Dann ist die bedingte Transmission

$$T_{\Delta_3}(\Delta_1:\Delta_2) = H_{\Delta_3}(\Delta_1) + H_{\Delta_3}(\Delta_2) - H_{\Delta_3}(\Delta_1, \Delta_2).$$

$T_{\Delta_3}(\Delta_1:\Delta_2)$ mißt die *direkte* Transmission von Δ_1 nach Δ_2, wenn die Zufallsvariablen in Δ_3 konstant oder bekannt sind oder die Unbestimmtheit Null haben. Im Gegensatz dazu mißt $T(\Delta_1:\Delta_2)$ zusätzlich die Transmission von Δ_1 nach Δ_2, die durch Zufallsvariablen aus Δ_3 vermittelt wird. Diese zusätzliche, über Δ_3 laufende Transmission kann somit definiert werden durch:

Definition 3.4–4: Die Wechselwirkung von Δ_1, Δ_2 und Δ_3 ist

$$Q(\Delta_1, \Delta_2, \Delta_3) = T_{\Delta_3}(\Delta_1:\Delta_2) - T(\Delta_1:\Delta_2).$$

Folgerung:

$$\begin{aligned} Q(\Delta_1, \Delta_2, \Delta_3) &= T_{\Delta_1}(\Delta_2:\Delta_3) - T(\Delta_2:\Delta_3) \\ &= T_{\Delta_2}(\Delta_1:\Delta_3) - T(\Delta_1:\Delta_3) \\ &= T_{\Delta_3}(\Delta_1:\Delta_2) - T(\Delta_1:\Delta_2) \end{aligned}$$

Um die informationelle Komplexität, die ein multivariables System besitzen kann, voll zu erfassen, müssen die Begriffe der Transmission und Wechselwirkung noch erweitert werden.

Definition 3.4—5: Wird Δ (wie in Definition 3.4—4) zerlegt in k disjunkte nichtleere Teilmengen $\Delta_1, \Delta_2, \ldots, \Delta_k$, so ist

(a) $$T(\Delta_1 : \Delta_2 : \ldots : \Delta_k) = H(\Delta_1) + H(\Delta_2) + \cdots + H(\Delta_k) - H(\Delta),$$

(b) $$T_{\Delta_k}(\Delta_1 : \Delta_2 : \ldots : \Delta_{k-1}) = H_{\Delta_k}(\Delta_1) + H_{\Delta_k}(\Delta_2) + \cdots + H_{\Delta_k}(\Delta_{k-1}) - H_{\Delta_k}(\Delta_1, \ldots, \Delta_{k-1}).$$

(c) $$Q(\Delta_1, \Delta_2, \ldots, \Delta_k) = Q_{\Delta_k}(\Delta_1, \Delta_2, \ldots, \Delta_{k-1}) - Q(\Delta_1, \Delta_2, \ldots, \Delta_{k-1})$$

für $k \geqq 4$. Für $k = 3$ ist die Wechselwirkung nach Definition 3.4—4 durch die Transmissionen definiert.

Folgerung: In der Definition für $Q(\Delta_1, \Delta_2, \ldots, \Delta_k)$ kann an Stelle von Δ_k jede der Teilmengen $\Delta_1, \Delta_2, \ldots, \Delta_k$ für die bedingenden Zufallsvariablen gesetzt werden (man vergleiche die Folgerung zur Definition 3.4—4).

$T(\Delta_1 : \Delta_2 : \cdots : \Delta_k)$ mißt die *totale* Transmission zwischen den Teilmengen $\Delta_1, \Delta_2, \ldots, \Delta_k$ von Zufallsvariablen. $Q(\Delta_1, \Delta_2, \ldots, \Delta_k)$ ist die informationelle Wechselwirkung, die aus dem Zusammenwirken aller Teilmengen von Δ_1 bis Δ_k entsteht; sie ist ein Maß für die irreduzible Komplexität des multivariablen Systems.

An einem System mit drei Zufallsvariablen A, B und C werden die informationellen Beziehungen in den folgenden Theoremen näher untersucht.

Theorem 3.4—1:

$$H(A, B, C) = H(A) + H_A(B) + H_{A,B}(C).$$

Beweis: Nach den Folgerungen zur Definition 3.4—1 ist

$$H(A, B, C) = H(A) + H_A(B, C)$$

und

$$H_A(B, C) = H_A(B) + H_{A,B}(C).$$

Daraus ergibt sich das Theorem.

Theorem 3.4—2:

$$T(A:B:C) = T(A:B) + T(A:C) + T(B:C) + Q(A, B, C).$$

Beweis: Folgt aus den Definitionen 3.3—3 und 3.4—5.

Man ersieht aus diesem Theorem, daß die Wechselwirkung $Q(A, B, C)$ den Teil der totalen Transmission $T(A:B:C)$ angibt, der nicht aus dem Zusammenwirken zweier Zufallsvariablen allein entsteht, sondern nur aus dem Zusammenwirken aller drei Zufallsvariablen.

Theorem 3.4—3:

$$T(A, B:C) = T(A:C) + T(B:C) + Q(A, B, C).$$

Beweis: Es ist

$$Q(A, B, C) = T_A(B:C) - T(B:C),$$

also

$$T(A:C) + T(B:C) + Q(A, B, C) = T(A:C) + T_A(B:C)$$
$$= H(A) + H(C) - H(A, C) + H_A(B) + H_A(C) - H_A(B, C).$$

Da

$$H_A(B) = H(A, B) - H(A),$$
$$H_A(C) = H(A, C) - H(A),$$
$$H_A(B, C) = H(A, B, C) - H(A),$$

folgt somit

$$T(A:C) + T(B:C) + Q(A, B, C) = H(A, B) + H(C) - H(A, B, C) = T(A, B:C).$$

Theorem 3.4—4:

$$T(A, B:C) = T_A(B:C) + T_B(A:C) - Q(A, B, C).$$

Beweis: Analog zum Beweis des Theorems 3.4—3.

Theorem 3.4—5:

$$T(A:B:C) = T(A:B) + T(A,B:C).$$

Beweis: Folgt aus den Theoremen 3.4—2 und 3.4—3.

Aus diesem Theorem ersieht man, daß sich die totale Transmission $T(A:B:C)$ aufspalten läßt in die Transmission zwischen zwei Zufallsvariablen und die Transmission zwischen diesen beiden, als Paar wirkenden Zufallsvariablen und der dritten Variablen.

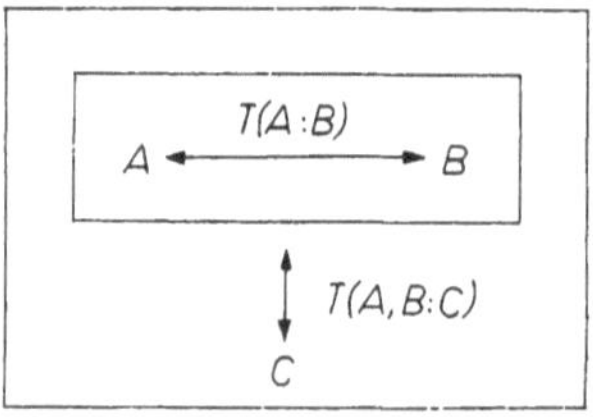

Theorem 3.4—6:

$$H(A) = H_{B,C}(A) + T(A:B) + T(A:C) + Q(A,B,C).$$

Beweis: Folgt aus den Definitionen 3.4—1, 3.4—2 und 3.4—5.

Dieses Theorem zeigt, wie die Unbestimmtheit einer Zufallsvariablen zerlegt werden kann.

Beispiel: Die Zufallsvariablen A, B und C mit je zwei Werten haben folgende absolute Häufigkeiten der Wertetripel:

Für c_1:

	b_1	b_2
a_1	0	6
a_2	6	0

Für c_2:

	b_1	b_2
a_1	0	6
a_2	6	0

Es ist

$$H(A) = \frac{1}{n}\left(n \operatorname{ld} n - \sum_A n_a \operatorname{ld} n_a\right)$$

$$= \frac{1}{24}(24 \operatorname{ld} 24 - 12 \operatorname{ld} 12 - 12 \operatorname{ld} 12) = 1 \frac{\text{bit}}{\text{Symbol}}.$$

Entsprechend ist $H(B) = H(C) = 1 \frac{\text{bit}}{\text{Symbol}}$,

$$H(A, B) = \frac{1}{n}\left(n \operatorname{ld} n - \sum_{A,B} n_{ab} \operatorname{ld} n_{ab}\right)$$

$$= \frac{1}{24}(24 \operatorname{ld} 24 - 12 \operatorname{ld} 12 - 12 \operatorname{ld} 12) = 1 \frac{\text{bit}}{\text{Symbol}},$$

$$H(A, C) = H(B, C) = \frac{1}{24}(24 \operatorname{ld} 24 - 4 \cdot 6 \operatorname{ld} 6) = 2 \frac{\text{bit}}{\text{Symbol}},$$

$$H(A, B, C) = \frac{1}{24}(24 \operatorname{ld} 24 - 4 \cdot 6 \operatorname{ld} 6) = 2 \frac{\text{bit}}{\text{Symbol}}.$$

Für die Transmissionen ergibt sich:

$$T(A:B) = H(A) + H(B) - H(A, B) = 1 \frac{\text{bit}}{\text{Symbol}},$$

$$T(A:C) = T(B:C) = 0 \frac{\text{bit}}{\text{Symbol}},$$

$$T(A:B:C) = H(A) + H(B) + H(C) - H(A, B, C)$$

$$= 1 \frac{\text{bit}}{\text{Symbol}}.$$

Die Wechselwirkung ist:

$$Q(A, B, C) = T(A:B:C) - T(A:B) - T(A:C)$$

$$- T(B:C) = 0 \frac{\text{bit}}{\text{Symbol}}.$$

Das System zerfällt in A und B zum einen Teil, in C zum anderen Teil. Die Transmission zwischen diesen Teilen ist

$$T(A, B:C) = T(A:C) + T(B:C) + Q(A, B, C)$$
$$= 0\,\frac{\text{bit}}{\text{Symbol}}.$$

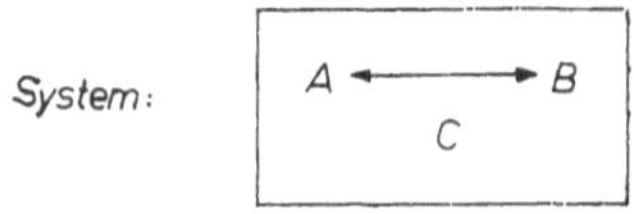

Man kann für multivariable Systeme eine große Fülle von informationellen Relationen ableiten. Es seien nur zwei herausgegriffen:

Theorem 3.4—7: *Für n Zufallsvariablen $A_1, A_2, \ldots, A_n$ ist*

(a) $$H(A_1, A_2, \ldots, A_n) = H(A_1) + H_{A_1}(A_2) + H_{A_1,A_2}(A_3) + \cdots + H_{A_1,A_2,\ldots,A_{n-1}}(A_n)$$

(b) $$T(A_1:A_2:\cdots:A_n) = T(A_1:A_2) + T(A_1, A_2:A_3) + \cdots + T(A_1, A_2, \ldots, A_{n-1}:A_n).$$

Beweis:

(a) Folgt durch vollständige Induktion aus den Folgerungen zur Definition 3.4—1.

(b) Folgt aus dem Teil (a) der Definition 3.4—5.

Übungsaufgaben mit Lösungen

(1) Wie groß ist die Unbestimmtheit der Zufallsvariablen A in folgendem Falle?

Werte der Zufallsvariablen A	a_1	a_2	a_3	a_4
Absolute Häufigkeiten n_a	4	8	2	4

Lösung: Partition von n: $n = 18 = 4 + 8 + 2 + 4$.
Unbestimmtheit:

$$H(A) = \frac{1}{n}\left(n \operatorname{ld} n - \sum_A n_a \operatorname{ld} n_a\right)$$

$$= \frac{1}{18}(18 \operatorname{ld} 18 - 4 \operatorname{ld} 4 - 8 \operatorname{ld} 8 - 2 \operatorname{ld} 2 - 4 \operatorname{ld} 4)$$

$$= \frac{1}{18}(75{,}06 - 8{,}00 - 24{,}00 - 2{,}00 - 8{,}00)$$

$$= 1{,}84 \frac{\text{bit}}{\text{Symbol}}.$$

(2) Zwei Zufallsvariablen A und B ergaben folgende absolute Häufigkeiten n_{ab} für die Wertepaare (a, b):

A \ B	b_1	b_2
a_1	10	15
a_2	2	3

Wie groß sind die Unbestimmtheiten $H(A)$, $H(B)$, $H(A, B)$ und die Transmission $T(A:B)$?

Lösung:

$$H(A) = \frac{1}{n}\left(n \operatorname{ld} n - \sum_A n_a \operatorname{ld} n_a\right)$$

$$= \frac{1}{30}(30 \operatorname{ld} 30 - 25 \operatorname{ld} 25 - 5 \operatorname{ld} 5)$$

$$= \frac{1}{30}(147{,}21 - 116{,}10 - 11{,}61) = 0{,}65 \frac{\text{bit}}{\text{Symbol}},$$

$$H(B) = \frac{1}{n}\left(n \operatorname{ld} n - \sum_B n_b \operatorname{ld} n_b\right)$$

$$= \frac{1}{30}(30 \operatorname{ld} 30 - 12 \operatorname{ld} 12 - 18 \operatorname{ld} 18)$$

$$= \frac{1}{30}(147{,}21 - 43{,}02 - 75{,}06) = 0{,}97\,\frac{\text{bit}}{\text{Symbol}},$$

$$H(A, B) = \frac{1}{n}\Big(n \operatorname{ld} n - \sum_{A,B} n_{ab} \operatorname{ld} n_{ab}\Big)$$

$$= \frac{1}{30}(30 \operatorname{ld} 30 - 10 \operatorname{ld} 10 - 15 \operatorname{ld} 15 - 2 \operatorname{ld} 2$$

$$- 3 \operatorname{ld} 3)$$

$$= \frac{1}{30}(147{,}21 - 33{,}22 - 58{,}60 - 2{,}00 - 4{,}75)$$

$$= 1{,}62\,\frac{\text{bit}}{\text{Symbol}},$$

$$T(A:B) = H(A) + H(B) - H(A, B) = 0\,\frac{\text{bit}}{\text{Symbol}}.$$

Das bedeutet, daß die Zufallsvariablen A und B unabhängig sind.

(3) Drei Zufallsvariablen A, B und C mit je zwei Werten haben folgende absolute Häufigkeiten der Wertetripel:

Für c_1:

	b_1	b_2
a_1	0	6
a_2	6	0

Für c_2:

	b_1	b_2
a_1	6	0
a_2	0	6

Wie groß ist die totale Transmission und die Wechselwirkung?

Lösung: Es ist

$$H(A) = H(B) = H(C) = \frac{1}{24}(24 \operatorname{ld} 24 - 12 \operatorname{ld} 12$$

$$- 12 \operatorname{ld} 12) = 1\,\frac{\text{bit}}{\text{Symbol}},$$

$$H(A, B) = H(A, C) = H(B, C) = \frac{1}{24}(24 \operatorname{ld} 24 - 4 \cdot 6 \operatorname{ld} 6) = 2 \frac{\text{bit}}{\text{Symbol}},$$

$$H(A, B, C) = \frac{1}{24}(24 \operatorname{ld} 24 - 4 \cdot 6 \operatorname{ld} 6) = 2 \frac{\text{bit}}{\text{Symbol}},$$

$$T(A:B) = T(A:C) = T(B:C) = 0 \frac{\text{bit}}{\text{Symbol}},$$

$$T(A:B:C) = 1 \frac{\text{bit}}{\text{Symbol}},$$

$$Q(A, B, C) = T(A:B:C) - T(A:B) - T(A:C) - T(B:C) = 1 \frac{\text{bit}}{\text{Symbol}}.$$

Es sei noch hinzugefügt, daß

$$H_B(A) = H(A, B) - H(B) = 1 \frac{\text{bit}}{\text{Symbol}}, \quad \text{aber}$$

$$H_{B,C}(A) = H(A, B, C) - H(B, C) = 0 \frac{\text{bit}}{\text{Symbol}}.$$

(4) Fünf Zufallsvariablen A, B, C, D und E mit je zwei Werten haben folgende absolute Häufigkeiten für die Wertequintupel:

		e_1:				e_2:			
		d_1:		d_2:		d_1:		d_2:	
		b_1	b_2	b_1	b_2	b_1	b_2	b_1	b_2
c_1:	a_1	5	0	0	5	0	5	5	0
	a_2	0	5	5	0	5	0	0	5
c_2:	a_1	0	5	5	0	5	0	0	5
	a_2	5	0	0	5	0	5	5	0

Was kann über den informationellen Zusammenhang des Systems gesagt werden?

Lösung: Aus den jeweiligen Partitionen ersieht man, daß die Unbestimmtheiten aller einzelnen Variablen gleich $1\,\frac{\text{bit}}{\text{Symbol}}$, aller Paare von Variablen gleich $2\,\frac{\text{bit}}{\text{Symbol}}$, aller Tripel von Variablen gleich $3\,\frac{\text{bit}}{\text{Symbol}}$ und aller Quartupel gleich $4\,\frac{\text{bit}}{\text{Symbol}}$ ist. Für alle Variablen zusammen ist

$$H(A, B, C, D, E) = \frac{1}{80}(80\,\mathrm{ld}\,80 - 16 \cdot 5\,\mathrm{ld}\,5) = 4\,\frac{\text{bit}}{\text{Symbol}}.$$

Alle Transmissionen sind gleich Null außer

$$T(A:B:C:D:E) = 1\,\frac{\text{bit}}{\text{Symbol}}.$$

Alle Wechselwirkungen sind gleich Null außer

$$Q(A, B, C, D, E) = 1\,\frac{\text{bit}}{\text{Symbol}}.$$

Das heißt also, der informationelle Zusammenhang des Systems liegt nicht in den Teilsystemen, sondern einzig auf der Stufe der höchsten Komplexität.

Literaturverzeichnis

[1] Abramson, Norman: Information Theory and Coding. McGraw-Hill, New York 1963.

[2] Ash, Robert: Information Theory. John Wiley & Sons, Inc., New York 1965.

[3] Ashby, W. R.: Measuring the Internal Informational Exchange in a System. Cybernetica 8 (1965).

[4] Fano, R. M.: Transmission of Information. M. I. T. Press, Cambridge, Mass., 1961.

[5] Feller, William: An Introduction to Probability Theory and Its Applications. Vol. 1. John Wiley & Sons, Inc., 2. Auflage, New York 1966.

[6] Hall, Marshall: Combinatorial Theory. Blaisdell Publishing Company, Waltham, Mass., 1967.

[7] Kokjer, K.: Tables $x \log_2 x$ For Integers $1 \leqq x \leqq 1009$. BCL Report No. 1, Biological Computer Laboratory, University of Illinois, Urbana, Ill., 1966.

[8] McGill, William J.: Multivariate Information Transmission. Psychometrika **19** (1954).

[9] McGill, W. J. and Garner, W. R.: The Relation Between Information and Variance Analyses. Psychometrika **21** (1956).

[10] Mode, Elmer B.: Elements of Probability and Statistics. Prentice-Hall, Inc., Englewood Cliffs, N. J., 1966.

[11] Pfeiffer, Paul E.: Concepts of Probability Theory. McGraw-Hill, New York 1965.

[12] Powers, Stephen G.: Uncertainty Analysis in Dynamic Systems. BCL Report No. 8.0, Biological Computer Laboratory, University of Illinois, Urbana, Ill., 1967.

[13] Riordan, John: An Introduction to Combinatorial Analysis. John Wiley & Sons, Inc., New York 1958.

[14] Ryser, Herbert J.: Combinatorial Mathematics. John Wiley & Sons, Inc., New York 1963.

[15] SCHADACH, DIETER J.: A Classification of Mappings Between Finite Sets, and Some Applications. BCL Report No. 2.2, Biological Computer Laboratory, University of Illinois, Urbana, Ill., 1967.

[16] SCHADACH, DIETER J.: A System of Equivalence Relations and Generalized Arithmetic. BCL Report No. 4.1, Biological Computer Laboratory, University of Illinois, Urbana, Ill., 1967.

[17] SHANNON, CLAUDE E.: The Mathematical Theory of Communication. University of Illinois Press, Urbana, Ill., 1949.

Sachverzeichnis

Der Autor

- gibt eine Einführung in mehrere außerhalb der Statistik liegende mathematische Gebiete, die in den letzten Jahren für die Biologie relevant geworden sind

- behandelt keine statistischen Verfahren, dafür aber in gründlicher Weise die Voraussetzungen der Statistik: Mengentheorie, Kombinatorik, Wahrscheinlichkeitstheorie

- führt in die Informationstheorie ein, insbesondere in die für die biologischen Wissenschaften wichtige informationstheoretische Behandlung multivariabler Systeme

- wendet sich an Studenten der Biowissenschaften und der Kybernetik

WISSENSCHAFTLICHE TASCHENBÜCHER

FSC
www.fsc.org
MIX
Papier | Fördert gute Waldnutzung
FSC® C083411

Zeitfracht Medien GmbH
Ferdinand-Jühlke-Straße 7
99095 Erfurt, Deutschland
produktsicherheit@kolibri360.de